JN158025

プロダクションレディマイクロサービス

運用に強い本番対応システムの実装と標準化

Susan J. Fowler　著
佐藤 直生　監訳
長尾 高弘　訳

Production-Ready Microservices

Building Standardized Systems Across an Engineering Organization

Susan J. Fowler

Beijing • Boston • Farnham • Sebastopol • Tokyo

はじめに

本書は、私がUber TechnologiesにSRE（サイト信頼性エンジニア、サイトリライアビリティエンジニア）として入社してから数か月後に始めた、本番対応（プロダクションレディネス）向上の取り組みから生まれたものです。Uberの巨大でモノリシックなAPIは、ゆっくりとしたペースでマイクロサービスに分割されつつあり、私が入社した頃には、このモノリシックなAPIから分割され、このAPIとともに実行されているマイクロサービスが1,000以上ありました。個々のマイクロサービスはそのマイクロサービスを所有する開発チームによって設計、構築、メンテナンスされており、サービス全体の85%以上は、SREの関与がなく、SREのリソースを利用していませんでした。

SREを採用してSREチームを作るのは非常に難しい仕事ですが、それはSREがもっとも探しにくい種類のエンジニアだからです。サイト信頼性エンジニアリングはまだ比較的新しい分野であり、SREは（少なくともある程度は）ソフトウェア工学、システム工学、分散システムアーキテクチャの専門家でなければなりません。すべてのチームに専用のSREチームをすぐに用意することは、とてもできません。そこで、私のチーム（コンサルティングSREチーム）が生まれました。我々が上層部から受けた指示は単純なものでした。SREが関与していない85%のマイクロサービスで高い標準を推進する方法を探せというものです。

我々の使命は単純であり、受けた指示は曖昧だったので、私と私のチームには、Uberのすべてのマイクロサービスが従う標準の策定に関してかなりの自由がありました。しかし、この大規模な技術組織の中で実行されているすべてのマイクロサービスに適用すべき高い標準を考え出すのは、簡単なことではありませんでした。そこで、優れた同僚であるRick Booneに手伝ってもらって（彼の考えるマイクロサービスの高水準は、本書に影響を与えています）、Uberのすべてのサービスが本番トラフィックの処理を認められるために満たさなければならない、標準の詳細なチェックリストを作りました。

そのようなチェックリストを作るためには、大きい包括的な原則を見つけ出し、すべての要件がその中のどれかに分類されるようにしなければなりませんでした。そこで、Uberのすべてのマイクロサービスは、**安定性**、**信頼性**、**スケーラビリティ**、**耐障害性**、**パフォーマンス**、**監視**、**ドキュメント**、**大惨事（カタストロフィ）対応**を備えていなければならないという8つの原則を考え出しました。そして、サービスが**安定性**、**信頼性**、**スケーラビリティ**、**耐障害性**、**パフォーマンス**、**監視**、**ドキュメント**、**大惨事対応**を備えているとはどういうことかを定義する基準を考えていきました。大切なのは、どの基準も定量化できるものにすることでした。そうすれば、マイクロサービスの可用性が飛躍的に向上したという測定可能な結果が得られます。我々は、これらの基準を満たし、要件を備えたサービスを**本番対応（プロダクションレディ）**と表現することにしました。

次の手順は、これらの標準を効率よく効果的にチームに浸透させる方法を考え出すことでした。私は、SREチームがビジネスクリティカルなサービス（機能停止を起こすとアプリケーション全体が停止してしまうようなサービス）の担当チームと会議を持ち、各チームとアーキテクチャレビューを行い、サービスの監査方法（サービスが個々の本番対応の要件を満たしているかどうかをイエス、ノーで答える単純なチェックリスト）を確立し、詳細なロードマップ（サービスを本番対応に引き上げるための方法を詳しく説明したステップバイステップガイド）を作り、各サービスに本番対応のスコアをつけるという綿密なプロセスを作り出しました。

このプロセスの中でもっとも大切なのは、アーキテクチャレビューの実施です。私のチームは、1つのサービスの仕事をしているすべての開発者を会議室に集め、30分以内にホワイトボードにサービスのアーキテクチャを描いてもらいました。この作業によって、SREチームとホストチームの双方とも、サービスのどの部分がなぜ障害を起こすのかが、すぐに簡単にわかりました。重要な要素（エンドポイント、リクエストフロー、依存関係など）をすべて含む形でマイクロサービスを図に描くと、あらゆる障害点がくっきりと見えてくるのです。

アーキテクチャレビューを行うたびに、大量の仕事が生まれました。レビュー終了後には、チェックリストを使ってサービスが本番対応の要件を満たしているかどうかを確認し、この監査の結果をサービスチームの管理職や開発者に知らせました。**本番**

対応かどうかという観念は粒度が粗く、それだけでは役に立たないので、個々の基準に点数を割り当て、それらを合計してサービスの全体的なスコアを付けて、監査結果に添えることにしました。

この監査結果からロードマップを作ります。ロードマップには、サービスが満たしていない本番対応の要件のリストと要件を満たしていないことに起因する最近の機能停止の両方へのリンク、要件を満たすためにしなければならないこと、オープンタスクへのリンク、そのタスクを担当する開発者の名前が含まれています。

このプロセス自体にも私自身で本番対応のチェックを行ったあとに（Susan Fowlerのサービスとしての本番対応プロセスという名前を付けました）、次のプロセスは、このプロセス全体を自動化して、Uberのすべてのマイクロサービスに対して絶えず実行することだということがわかりました。本書の執筆時点では、恐れを知らぬRoxana Del Toro率いるUberのすばらしいSREチームが本番対応システム全体の自動化に取り組んでいます。

本番対応の標準に含まれる個々の要件とその実現方法は、私自身を含むUberのSRE組織が、時間をかけて慎重でていねいな作業を重ねて編み出したものです。要件リストを作り、Uberのマイクロサービスチーム全体で実施するために、メモを取り、議論を重ね、既存のマイクロサービスについての文献（扱われているテーマはごくわずかで、文献はほとんどないも同然でした）から得られるものをすべて調べました。私は、Uberだけでなく他社も含むさまざまなマイクロサービス開発者チームと話をして、マイクロサービスをどのように標準化したらよいか、すべての会社のすべてのマイクロサービスに適用でき、測定可能で、ビジネスを動かす結果を生み出せる普遍的で標準的な一連の原則が見つかるかどうかを見極めようとしました。本書は、そのようなメモ、議論、会議、調査を基礎として書かれています。

これがSREの世界だけでなく、IT業界全体の中で新しいことだと気付く前から、私はベイエリアのほかの会社のSREやソフトウェアエンジニアにこの仕事の共有を始めていました。マイクロサービスを標準化し、本番対応にするために私が教えられることをエンジニアたちが微に入り細に入り尋ねてくるようになったところで、私は執筆を始めました。

本書執筆時点では、マイクロサービスの標準化についての文献はほとんどなく、マイクロサービスエコシステムを構築、メンテナンスするためのガイドもほとんどありません。しかも、モノリシックなアプリケーションをマイクロサービスに分割したあとで、多くのエンジニアが感じる疑問、すなわち次に何をしたらよいのかに答えてくれる本もありません。本書はそのすき間を埋め、この疑問に正確に答えられればと思っています。ひとことで言えば、本書は私がマイクロサービスの標準化の作業に取り掛かったときにあればよかったと思うような本です。

対象読者

本書は、モノリスを分割して「次はどうしよう？」と思っているか、0からマイクロサービスを構築し、最初から安定性、信頼性、スケーラビリティ、耐障害性、パフォーマンスを備えたマイクロサービスを作りたいと考えているソフトウェアエンジニアとSREを主な対象としています。

しかし、本書で書かれている原則は、主な対象としている読者以外にも無関係ではありません。優れた監視からスケーラブルなアプリケーションに至る多くの原則は、あらゆる組織のあらゆる規模、アーキテクチャのサービス、アプリケーションを改善するために役立ちます。エンジニア、エンジニアリングマネージャ、プロダクトマネージャ、経営上層部といった人々でも、アプリケーションの標準を策定するため、アーキテクチャの判断に起因する組織構造の変化を理解するため、あるいは技術組織全体にアーキテクチャと組織運営に対する理解を浸透させするためといったさまざまな理由で、本書が役に立つでしょう。

本書は、読者がマイクロサービスの基本概念、マイクロサービスアーキテクチャ、最新の分散システムの基礎を知っていることを前提としています。これらをよく知っている読者は、本書からもっとも多くのものを得ることができるでしょう。ただし、これらをあまり知らない読者のために、最初の章では、マイクロサービスアーキテクチャ、マイクロサービスエコシステム、マイクロサービスに付随する組織の課題、モノリシックなアプリケーションをマイクロサービスに分割するときの現実の問題などの概要を説明しています。

本書に期待してはいけないこと

本書はステップバイステップのハウツー本ではありません。各章で取り上げられている個々のテーマの扱い方を手取り足取り教えるチュートリアルにはなっていません。そのようなチュートリアルを書こうとすれば、非常に分厚い本が必要になるでしょう。本書の各章の1つ1つの節が、1冊の本になるだけの内容を持っています。

そのため、本書はかなり抽象的な本であり、本書から学んだことはほぼすべての会社のほぼすべてのマイクロサービスに適用できるくらい一般的、汎用的です。しかし、技術組織で本書を取り入れれば、マイクロサービスを改善、標準化するためにはどうすればよいかを現実的、具体的に理解するガイドになる程度には細かく、具体的に書かれています。マイクロサービスエコシステムは会社ごとに異なるので、権威的、教育的なアプローチで手取り足取り教えても、メリットはありません。そこで、私は概念を紹介し、本番対応のマイクロサービスを構築するときにそれらの概念が持つ重要性を説明し、概念の具体例を示し、それを実現する方法を明らかにすることにしました。

重要なのは、本書がマイクロサービスとマイクロサービスエコシステムを構築、実行するあらゆる方法を百科事典的に説明したものではないということです。マイクロサービスとマイクロサービスエコシステムを構築、実行する適切な方法がいくつもあることは、私自身がよく認めるところです（たとえば、新ビルドのテストには、**「3章 安定性と信頼性」**で紹介し、勧めているステージング－カナリア－本番というアプローチ以外にも適切なものがいくつもあります）。しかし、それらの方法の中には、比較的よいものとそうでもないものがあります。私は、本番対応のマイクロサービスを構築、実行し、技術組織全体に個々の本番対応の原則を浸透させるためにもっともよい方法だけを紹介するようにできる限りの努力を払ったつもりです。

また、テクノロジーはものすごい速さで動き、変化しています。私は可能な限り、読者を既存のテクノロジーに縛り付けるようなことは書かないようにしました。たとえば、すべてのマイクロサービスは、ロギングのためにKafkaを使うべきだとは言わず、本番対応のロギングの重要な要素を説明し、実際にどのテクノロジーを選んで使うかは読者に委ねるようにしました。

最後に、本書はUberの技術組織を説明するものではありません。本書で示す原則、標準、例、戦略などはUberに限ったものではありませんし、Uberからヒントを得たものだけでもありません。これらは多くのIT企業のマイクロサービスが進展させ、それらからヒントを得たものであり、あらゆるマイクロサービスエコシステムに適用できます。本書は既存のものを説明したり、歴史を示したりするものではなく、本番対応のマイクロサービスを構築するための処方箋を示すものです。

本書の活用方法

本書の使い方は複数あります。

最初の使い方は、もっともお手軽なもので、興味のある章だけをしっかりと読み、ほかの章は読み流す（または読み飛ばす）というものです。この方法でも得られるものは多いでしょう。新しい概念を知り、すでに知っている概念についての新しい見方を知り、ソフトウェアエンジニアリングやマイクロサービスのさまざまな側面についての新しい考え方をつかんで、日常の生活や業務に活かすことができます。

第2の方法はもう少し深く本に入り込むもので、全体に目を通し、自分のニーズに関係のある部分を特にしっかりと読み、自分のマイクロサービスに原則や標準の一部を適用します。たとえば、自分のマイクロサービスでは監視を強化しなければならないと思っている場合には、本書全体を一通り読みつつ、**「6章　監視」**だけを熟読して監視、アラート、機能停止対応を改善するという使い方があり得ます。

最後に紹介する使い方は、担当するマイクロサービス、あるいは社内のすべてのマイクロサービスを完全に標準化し、すべてのマイクロサービスを本番対応にすることを目標として本書を読むもので、（おそらく）もっとも大きな効果が得られます。マイクロサービスを安定性、信頼性、スケーラビリティ、耐障害性、パフォーマンス、適切な監視、しっかりとしたドキュメントが備わったものにすることが目標なら、この方法で活用してください。そのためには、各章を熟読し、すべての標準を理解し、あなたのマイクロサービスのニーズに合うように個々の要件を調整してから適用する必要があります。

標準を示す各章（第3章から第7章）の章末には、**「マイクロサービスの評価基準」**という節を設け、それぞれのマイクロサービスについて考えてみるべき質問のリストを掲載しています。質問はテーマ別に分類されているので、読者は自分の目標に関係のある質問を選び、マイクロサービスの実際に基づいて答えれば、マイクロサービスを本番対応にするために何をすべきかがわかるようになっています。また、巻末には、各章に分けて説明されている本番対応の標準と**「マイクロサービスの評価基準」**の質問を1つにまとめた2つの付録（**「付録A　本番対応のチェックリスト」**、**「付録B　マイクロサービスの評価基準」**）を用意しています。

本書の構成

「1章　マイクロサービス」

タイトルからもわかるように、マイクロサービス入門になっています。マイクロサービスアーキテクチャの基礎、モノリスをマイクロサービスに分割するときの現実的な問題を説明してから、マイクロサービスエコシステムの4つのレイヤを紹介し、最後にマイクロサービスアーキテクチャを導入するときの組織としての課題やトレードオフに光を当てます。

「2章　本番対応」

マイクロサービスを標準化するための課題を説明した上で、（どれもマイクロサービスの可用性を確保することが目的となっている）本番対応の8つの標準を紹介します。

「3章　安定性と信頼性」

安定性と信頼性を備えたマイクロサービスを作るための原則を説明します。開発サイクル、デプロイパイプライン、依存関係処理、ルーティングと検出、マイクロサービスの安定性と信頼性を備えた非推奨と廃止の手順を取り上げます。

「4章　スケーラビリティとパフォーマンス」

スケーラブルでパフォーマンスの高いマイクロサービスを構築するための原則として、マイクロサービスの成長の判断基準の概念を説明し、リソースの効率的な使い方、リソースの把握、キャパシティプランニング、依存関係のスケーリング、トラフィック管理、タスクの処理、スケーラブルなデータストレージを取り上げます。

「5章　耐障害性と大惨事対応」

大惨事に対する備えができた耐障害性のあるマイクロサービスを構築するための原則として、一般的な大惨事と障害シナリオ、障害の検出と修正の方法、回復性テストの詳細、インシデントと機能停止の処理方法を取り上げます。

「6章　監視」

マイクロサービスの監視と標準化によって監視の複雑化を避ける方法を詳し

く説明します。ロギング、役に立つダッシュボード、アラートの適切な処理は、すべてこの章で取り上げられています。

「7章　ドキュメントと組織的な理解」

マイクロサービスの適切なドキュメントの問題と、開発チームと技術組織全体でアーキテクチャと組織運営の理解を深める方法を詳しく説明します。また、技術組織全体に本番対応の標準を根付かせるための実践的な戦略も示します。

巻末には、2つの付録が含まれています。

「付録A　本番対応のチェックリスト」

「7章　ドキュメントと組織的な理解」の終わりの方で説明されているチェックリストで、本書全体に分散している本番対応の標準と要件を簡潔にまとめたものです。

「付録B　マイクロサービスの評価基準」

第3章から第7章までの**「マイクロサービスの評価基準」**の節に含まれている質問をまとめたものです。

本書の表記法

本書では、次のような表記法に従います。

ゴシック（サンプル）

新しい用語を示す。

等幅（`sample`）

プログラムリストに使うほか、本文中でも変数、関数、データ型、文、キーワードなどのプログラムの要素を表すために使う。

太字の等幅（`sample`）

ユーザがその通りに入力すべきコマンドやテキストを表す。

斜体の等幅（*`sample`*）

ユーザが実際の値に置き換えて入力すべき部分、コンテキストによって決まる値に置き換えるべき部分、プログラム内のコメントを表す。

ヒントや提案を示す。

一般的な注釈を示す。

警告や注意を示す。

問い合わせ先

本書に関するご意見、ご質問などは、出版社に送ってください。

株式会社オライリー・ジャパン
電子メール japan@oreilly.co.jp

本書には、正誤表、サンプル、追加情報を掲載したWebサイトがあります。このページには以下のアドレスでアクセスできます。

http://shop.oreilly.com/product/0636920053675.do（英語）
http://www.oreilly.co.jp/books/9784873118154/（日本語）

本書に関する技術的な質問やコメントは、以下に電子メールを送信してください。

bookquestions@oreilly.com

当社の書籍、コース、カンファレンス、ニュースに関する詳しい情報は、当社のWebサイトを参照してください。

http://www.oreilly.com（英語）
http://www.oreilly.co.jp（日本語）

当社のFacebookは以下の通り。

http://facebook.com/oreilly

当社のTwitterは以下でフォローできます。

http://twitter.com/oreillymedia

YouTubeで見るには以下にアクセスしてください。

http://www.youtube.com/oreillymedia

謝辞

本書を我が伴侶のChad Rigettiに捧げます。彼は量子コンピュータ構築のための時間を割いて、マイクロサービスについて私があれこれ言うことに耳を傾け、執筆のあらゆる段階で私を明るく励ましてくれました。彼の愛と心からの支援がなければ、本書を書き上げることはできなかったでしょう。

姉のMarthaとSaraにも本書を捧げます。私の人生のあらゆる場面、あらゆる瞬間で、二人の不屈の精神、立ち直りの早さ、勇気、喜びが私に力を与えてくれました。また、長年にわたってもっとも親しい友人であり、熱烈な支援者であるShalon Van Tineにも捧げます。

初期の草稿にフィードバックをしてくれたUberの同僚たち、本書に書かれた原則と戦略を実際に自分の技術組織で取り入れてくれたエンジニアたちにはとても感謝しています。特に、Roxana del Toro、Patrick Schork、Rick Boone、Tyler Dixon、Jonah Horowitz、Ryan Rix、Katherine Hennes、Ingrid Avendano、Sean Hart、Shella Stephens、David Campbell、Jameson Lee、Jane Arc、Eamon Bisson-Donahue、Aimee Gonzalezに感謝の気持ちを伝えたいと思います。

そして、Brian FosterとNan Barber、技術査読者たちを始めとするO'Reillyのすばらしいスタッフがいなければ、何も生み出すことはできなかったでしょう。みなさんがいなければ、この本は書けませんでした。感謝しています。

目次

1章
マイクロサービス

この数年、IT業界では実践的な応用分散システムアーキテクチャが急速に変化してきており、多くの有名企業（Netflix、Twitter、Amazon、eBay、Uberなど）がモノリシックなアプリケーションの構築を止め、マイクロサービスアーキテクチャを採用してきました。マイクロサービスの基本概念は決して新しいものではありませんが、最近のマイクロサービスアーキテクチャの適用方法はまったく新しいものです。そして、マイクロサービスアーキテクチャが採用されている理由には、複雑なシステムをまとめて1つの大規模でモノリシックなアプリケーションとしてデプロイしたときのスケーラビリティの低さ、効率の悪さ、ベロシティの低さ、新テクノロジーの採用の難しさといったものが含まれています。

0からの開発であれ、既存のモノリシックなアプリケーションのマイクロサービスへの分割であれ、独立に開発、デプロイされるマイクロサービスの組み合わせというアーキテクチャを採用すればこれらの問題が解決されます。マイクロサービスアーキテクチャを採用すると、アプリケーションは水平にも垂直にも簡単にスケーリングできるようになり、開発者の生産性、ベロシティは飛躍的に向上し、古いテクノロジーを簡単に最新のテクノロジーに置き換えられるようになります。

この章でこれから見ていくように、マイクロサービスアーキテクチャの採用は、アプリケーションをスケーリングするための自然なステップと考えることができます。モノリシックなアプリケーションは、スケーラビリティや効率の問題から分割に進みます。しかし、マイクロサービスを採用すると、マイクロサービス固有の新たな課題が生まれます。スケーラブルなマイクロサービスエコシステムを実現するためには、高度で安定したインフラストラクチャが必要とされます。また、マイクロサービスアーキテクチャをサポートするためには、企業の組織構造をそれに合わせて大幅に変更しなければならず、組織変更に伴って生まれるチームは、サイロ化し、スプロール

（不規則に成長）しやすくなります。しかし、マイクロサービスアーキテクチャの最大の課題は、信頼と可用性を保証するために、サービス自体のアーキテクチャの標準化と個々のマイクロサービスが満たさなければならない要件が必要になることです。

1.1 モノリスからマイクロサービスへ

今日のアプリケーションは、ほぼすべて3つの要素に分割できます。**フロントエンド**（または**クライアントサイド**）、**バックエンド**、何らかの種類の**データストア**です（**図1-1**）。クライアントサイドがアプリケーションに対するリクエストを受け取り、バックエンドコードが面倒な仕事をすべてこなします。そして、格納したりアクセスしたりしなければならない関連データは、（一時的に格納するメモリであれ、永続的に格納するデータベースであれ）データが格納されているデータストアとの間でやり取りされます。これを**3層アーキテクチャ**（three-tier architecture）と呼びます。

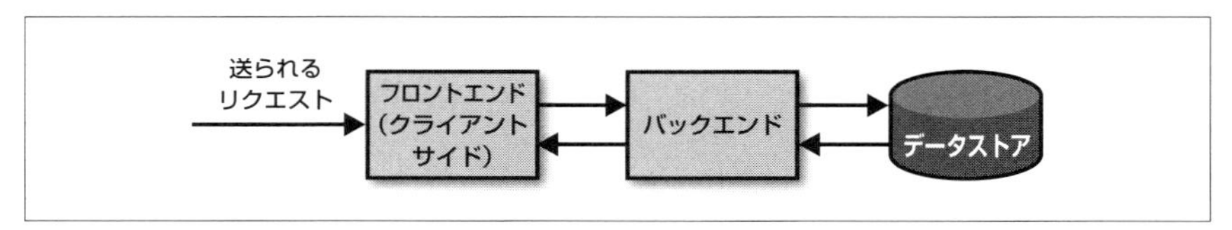

図1-1　3層アーキテクチャ

これらの要素を組み合わせて1つのアプリケーションを作る方法は、3種類あります。ほとんどのアプリケーションでは、最初の2つの部分を1つのコードベース（またはリポジトリ）にまとめます。この場合、クライアントサイドとバックエンドのすべてのコードが1つの実行可能ユニットに格納、実行され、これらとは別個にデータベースを持ちます。それに対し、第2の方法では、バックエンドコードからフロントエンド、クライアントサイドコードを分割し、それらを別々の論理実行可能ユニットとして格納し、さらに外部データベースを持ちます。そして、外部データベースを必要とせず、すべてのデータをメモリに格納するアプリケーションは、3つの要素を1つのリポジトリに結合する傾向があります。しかし、これらの要素がどのように分割、結合されていても、アプリケーション自体は3つの別々の要素の総和として考えられます。

通常、アプリケーションは、ライフサイクルの最初からこのようなアーキテクチャのもとで、構築、実行されます。アプリケーションのアーキテクチャは、一般にその会社の製品やアプリケーション自体の目的によって変わったりはしません。3層アーキテクチャを構成するこれら3つの要素は、すべてのWebサイト、すべての携帯アプリ、すべての膨大な企業アプリケーション（バックエンド、フロントエンド、それ以外の特殊なものを含む）に含まれているものであり、先ほど説明した3種類のどれかになっています。

企業が新しく、アプリケーションがまだ単純で、コードベースの構築に関わっている開発者の数が少ない初期段階では、コードベースへのコードの追加、メンテナンスの負担は開発者たちが共有しています。しかし、企業が成長し、所属開発者が増え、アプリケーションに新機能が追加されると、3つの大きな変化が生まれます。

まず、運用作業の負担が増えます。運用とは、一般的に言えば、アプリケーションを実行、メンテナンスすることに関連する仕事のことです。すると、通常は、ハードウェア、監視、オンコールなどの運用業務の大部分を引き受ける運用エンジニア（システム管理者、TechOpsエンジニア、そしていわゆるDevOpsエンジニア）を採用することになります。

第2の変化は、単純な計算結果です。アプリケーションに新機能を追加すれば、アプリケーションのコード行数とアプリケーション自体の複雑度が増します。

第3の変化は、アプリケーションの水平、垂直スケーリングです。トラフィックが増えると、アプリケーションのスケーラビリティとパフォーマンスの需要が大幅に上昇し、アプリケーションをホスティングするサーバを増やさなければならなくなります。サーバが追加されると、個々のサーバにアプリケーションのコピーがデプロイされ、アプリケーションをホスティングする複数のサーバ間でリクエストが適切に分散されるようにするために、ロードバランサが投入されます（**図1-2**。フロントエンドとバックエンド負荷分散レイヤ、バックエンドサービスが含まれています。フロントエンドには、独自の負荷分散レイヤが含まれている場合もあります）。アプリケーションが多様な機能のために大量のタスクを処理するようになったときには、垂直スケーリングが必要になり、アプリケーションは、大きなCPU、メモリ需要を処理できる強力で大きいサーバにデプロイされるようになります（**図1-3**）。

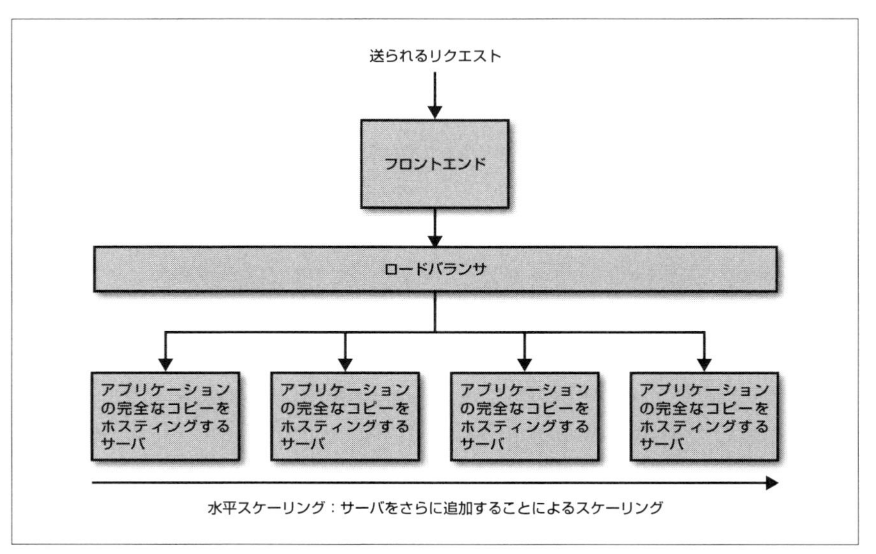

図1-2　アプリケーションの水平スケーリング

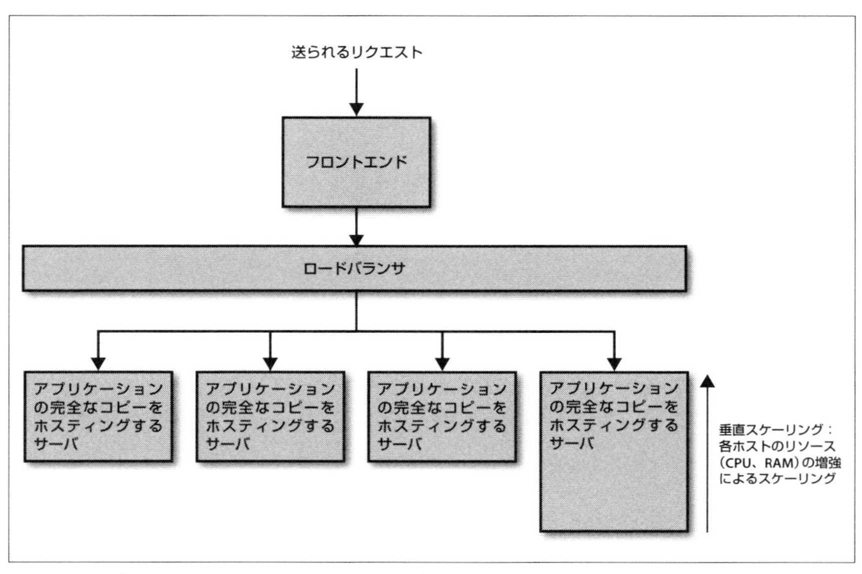

図1-3　アプリケーションの垂直スケーリング

会社が成長し、エンジニアの数が、1桁、2桁では収まらず、3桁でも収まらなくなると、話が少し複雑になってきます。開発者たちがコードベースに追加したあらゆる機能、パッチ、修正により、アプリケーションのコード数は無数になっています。アプリケーションは着実に複雑化し続け、(わずか1、2行の場合もある) 変更によって既存の無数のコードの完全性が損なわれていないことを確認するために、(数千とまではいかなくても) 数百のテストを書かなければなりません。開発とデプロイは悪夢のようになり、テストはもっとも重要な修正のデプロイさえ遅らせるほどの負担になります。そして、技術的負債は急速に積み上がっていきます。(好むと好まざるとにかかわらず)ライフサイクルがこのパターンに入ったアプリケーションは、ソフトウェアコミュニティでは愛情をこめて (そして適切にも) **モノリス**と呼ばれるようになります。

もちろん、すべてのモノリシックなアプリケーションが悪いものであり、必ずここに挙げた問題に悩むようになると言っているわけではありません。しかし、ライフサイクルのどこかでこれらの問題に遭遇しないモノリスは、(私の経験では) 非常に少ないのです。ほとんどのモノリスがこの問題に悩むのは、モノリスの性質が、もっとも一般的な意味における**スケーラビリティ**と真っ向から対立するからです。スケーラビリティは**並行性**と**パーティション分割**を必要としますが、この2つをモノリスで実現するのはきわめて困難です。

アプリケーションのスケーリング

これを少し詳しく見てみましょう。

あらゆるアプリケーションの目標は、何らかのタスクを処理することです。タスクがどのようなものかにかかわらず、アプリケーションにタスクをどのように処理させたいかについて、一般的にわかることがあります。アプリケーションは効率よくタスクを処理できなければなりません。

アプリケーションがタスクを効率よく処理するためには、何らかの形で並列処理が必要になります。つまり、1つのプロセスにすべての仕事をさせるわけにはいきません。それでは、そのプロセスは1度に1つのタスクを取り上げ、必要な処理をすべて終わらせ (または失敗し)、次のタスクに移ることになります。そんなものは全然効率がよいとは言えません。アプリケーションを効率よくするために並行性を導入すれば、個々のタスクを小さな部品に分割できます。

タスクを効率よく処理するための第2の方法は、パーティション分割を導入して分割統治することです。そうすれば、個々のタスクを小さな部品に分割するだけでなく、並列処理できます。大量のタスクがあるとき、それらを並列処理できる一連のワーカーにタスクを送れば、同時にそれらすべてを処理することができます。もっと多くのタスクを処理しなければならなくなったら、ワーカーを追加して新しいタスクを処理させれば、システムの処理効率に影響を与えずに、簡単に需要に合わせてスケーリングできます。

手元にあるのが、すべてのサーバにデプロイしなければならない1つの大規模なアプリケーションなら、並行性とパーティション分割をサポートするのは困難です。アプリケーションに少しでも複雑なところがあれば、機能やトラフィックが増加したときのスケーリングの方法は、アプリケーションがデプロイされるハードウェアのスケールアップしかありません。

本当に効率よくしたいなら、最良の方法は、アプリケーションを多数の小さくて独立したアプリケーションに分割し、それぞれに1つの種類の仕事をさせることです。プロセス全体にステップを1つ追加したい？ 簡単なことです。そのステップだけを行う新しいアプリケーションを作ればよいのです。もっと多くのトラフィックを処理しなければならない？ これも簡単です。各アプリケーションを実行するワーカーを増やせばよいのです。

並行性とパーティション分割は、モノリシックなアプリケーションではサポートが困難です。そのため、モノリシックなアプリケーションは、必要な水準まで効率よくすることができません。

このパターンは、Amazon、Twitter、Netflix、eBay、Uberなどの企業で現れました。数百台ではなく、数千台、多いところでは数十万台ものサーバを実行し、アプリケーションがモノリスになってスケーラビリティの問題に直面したのです。彼らは、モノリシックなアーキテクチャを捨て、**マイクロサービス**を採用することにより、この問題を解決しました。

マイクロサービスの基本概念は単純です。マイクロサービスとは、1つのことだけを非常によくこなす小さなアプリケーションのことです。マイクロサービスは簡単に交換でき、独立に開発、デプロイできる小さなコンポーネントです。しかし、マイクロサービスは、単独では生きていけません。マイクロサービスは孤島ではなく、大きなシステムの一部であり、ほかのマイクロサービスを実行し、ほかのマイクロサービスと協力して、通常なら大きなスタンドアロンアプリケーションが処理するような仕事をこなすのです。

マイクロサービスアーキテクチャの目標は、（すべてのことを行う1つのアプリケーションを作るのではなく）それぞれ責任を持って1つの機能をこなす一連の小さなアプリケーションを構築し、個々のマイクロサービスに自律性、独立性、自己完結性を与えることです。モノリシックなアプリケーションとマイクロサービスの違いは次のようにまとめられます。モノリシックなアプリケーション（**図1-4**）は、1つのアプリケーション、1つのコードベースの中にすべての機能を包み込み、全体を同時にデプロイし、個々のサーバがアプリケーション全体の完全なコピーをホスティングするのに対し、マイクロサービス（**図1-5**）は、1つの機能だけを持ち、同じように1つの機能だけを持つほかのマイクロサービスとともに**マイクロサービスエコシステム**を形成します。

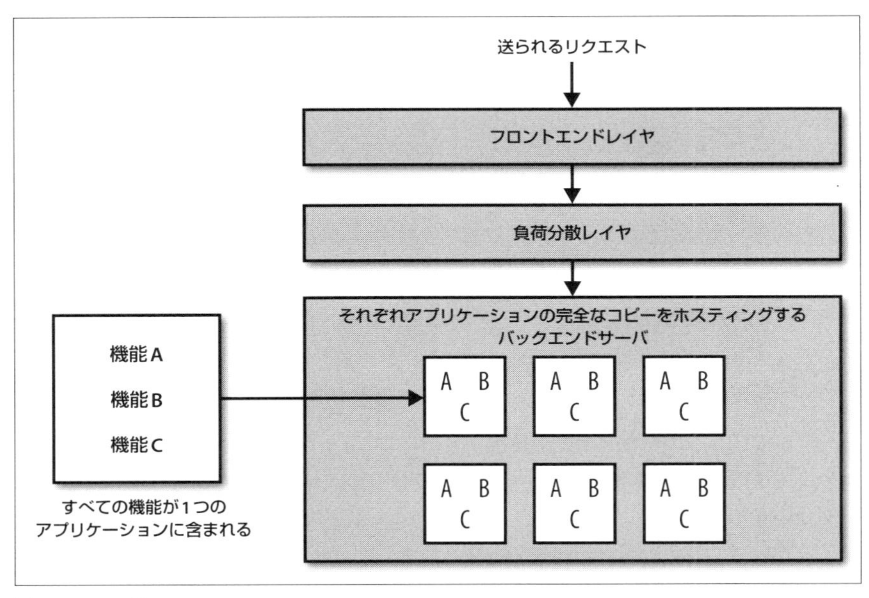

図1-4　モノリス

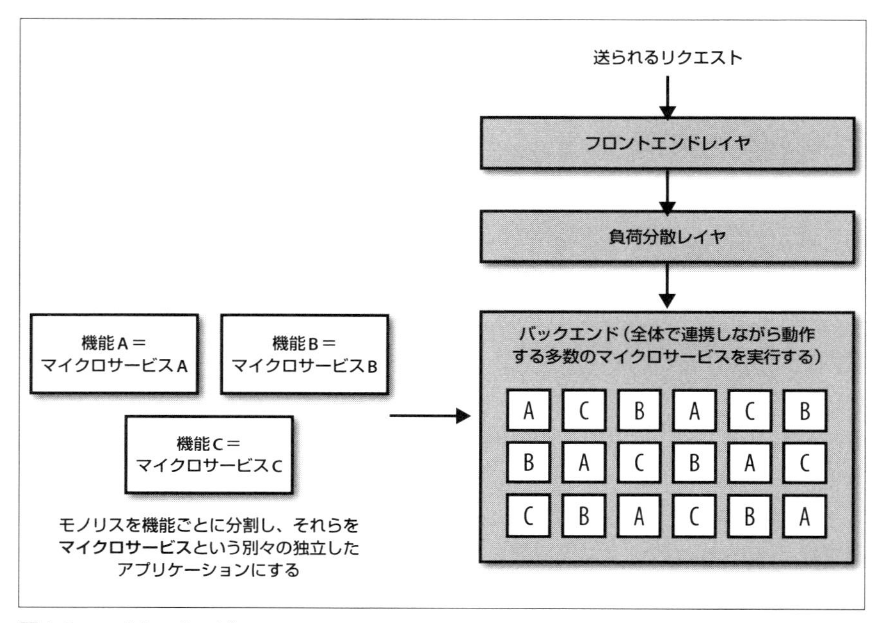

図1-5　マイクロサービス

マイクロサービスアーキテクチャを採用すると、技術的負債が減り、開発者の生産性やベロシティ、テストの効率が上がり、スケーラビリティが向上し、デプロイが楽になるなど、ここに挙げたものだけに限られない無数のメリットを得られます。通常、マイクロサービスアーキテクチャを採用する企業は、1つのアプリケーションを作り上げたあと、スケーラビリティの限界にぶつかり、組織的な課題に直面してからそうします。モノリシックなアプリケーションから始めて、その**モノリスを分割して**マイクロサービス化するのです。

モノリスをマイクロサービスに分割するのがどれくらい難しいかは、もとのモノリシックなアプリケーションの複雑度によって決まります。機能、部品の多いモノリシックなアプリケーションをうまくマイクロサービスに分割するためには、アーキテクチャの検討を重ね慎重に仕事を進めなければなりません。そして、チームの再編、再構築が必要になることによって、仕事の複雑さがさらに増します。マイクロサービスへの移行は、いつも全社規模の取り組みになります。

モノリスの分割は、数段階の手順を踏んで行います。最初の手順は、独立したサービスとして書くべきコンポーネントをはっきりさせることです。これはおそらくプロセス全体でもっとも難しい手順です。モノリスをコンポーネントサービスに分割する正しい方法は1つではなく複数ありますが、間違った方法はそれよりもはるかにたくさんあります。目安としては、モノリスの主要機能をピンポイントで押さえ、その機能を小さな独立したコンポーネントに分割します。マイクロサービスは、できる限り単純なものにしなければなりません。そうでなければ、1つのモノリスを数個のちょっと小さなモノリスに分割するだけで終わってしまう危険性があります。それでは、会社の成長とともに同じ問題に再び悩まされることになります。

主要機能を見極め、独立したマイクロサービスに適切に分割したら、個々のマイクロサービスに担当チームが設けられるように、会社の組織を再編しなければなりません。これには複数の方法があります。第1の方法は、個々のチームを1つのマイクロサービスに専念させるものです。チームの規模は、マイクロサービスの複雑度とワークロードによって決まります。機能の開発とサービスのオンコール（緊急呼び出し）ローテーションの負担が重くなりすぎないように、十分な数の開発者とSRE（サイト信頼性エンジニア、サイトリライアビリティエンジニア）を配置しなければなりません。第2の方法は、1つのチームに複数のサービスを担当させるものです。チームはそれらのサービスを並列に開発します。チームが特定の製品や業務領域に合わせて組織されており、それらの製品、領域に関連するすべてのサービスを開発する場合には、これがもっともうまく機能します。ただし、この第2の方法を選ぶときには、開発者がオーバーワークになったり、タスク、機能停止、運用で疲れ切ってしまわないようにしなければなりません。

マイクロサービスの導入では、**マイクロサービスエコシステム**の作成も重要な要素です。一般に（少なくともたいていの場合は）、大規模でモノリシックなアプリケーションを動かしている企業は、アプリケーションの土台となるインフラストラクチャを設計、構築、メンテナンスする専門のインフラストラクチャ部門を持っています。モノリスをマイクロサービスに分割するときには、マイクロサービスを開発、実行するための安定したプラットフォームを提供するインフラストラクチャ部門の重要性が、極端に上がります。インフラストラクチャチームは、マイクロサービス同士のやり取りにまつわる複雑な細部の大部分を抽象化する安定したインフラストラクチャをマイクロサービスチームに提供しなければなりません。

アプリケーションのコンポーネントへの分割、個々のマイクロサービスを担当する技術チームの再編、インフラストラクチャチームの編成という3つの手順が終わったら、マイクロサービスへの移行を開始できます。その方法はチームによって異なるでしょう。担当するマイクロサービスに関連するモノリスの中のコードを直接独立したサービスに抽出して、マイクロサービスが自力で必要とされる機能を実行できるようになったと確信できるまで、モノリスにトラフィックをシャドーイングするチームもあれば、白紙の状態からサービスを構築し、サービスが適切なテストに合格したらシャドーイングしていたトラフィックをリダイレクトするチームもあります。どちらがよいかは、マイクロサービスの機能によって決まり、私の経験では、ほとんどの場合で両方の方法が同じようにうまく機能しています。移行を成功させるための本当のポイントは、きちんとドキュメントされた慎重で徹底的な計画とその実行であり、大規模なモノリスの完全な移行には数年かかるという認識です。

モノリスをマイクロサービスに分割するための作業の大きさを考えると、スケーラビリティの問題に遭遇したり、マイクロサービスへの移行の壮大なドラマを経験したりせずに、最初からマイクロサービスアーキテクチャで作ればよいように思われるかもしれません。会社によっては、このアプローチがうまくいく場合もあるでしょう。しかし、注意してほしいことがあります。小さな企業は、ごく小規模なものであっても、マイクロサービスを支えるために必要なインフラストラクチャを持っていないことが多いのです。よいマイクロサービスアーキテクチャは、安定していて、多くの場合は非常に複雑なインフラストラクチャを必要とします。そのようなインフラストラクチャには大規模な専任チームが必要ですが、そのコストを負担できるのは、スケーラビリティの問題に直面するほどの状態に達した企業だけです。スケーラビリティが問題になって、初めてマイクロサービスアーキテクチャへの移行の必要性が認められるようになるわけです。小企業には、マイクロサービスエコシステムを維持できるだけの組織としての体力が単純にありません。しかも、初期段階の企業では、マイクロサービスに抽出すべき重要な領域、コンポーネントを見分けるのがきわめて困難です。そもそも、新しい会社のアプリケーションには、マイクロサービスに適切に分割できるほど多くの機能はありません。

1.2 マイクロサービスアーキテクチャ

マイクロサービスのアーキテクチャ（図1-6）は、「1.1 モノリスからマイクロサービスへ」で説明した標準的なアプリケーションのアーキテクチャ（図1-1）とそれほど大きく変わりません。個々のマイクロサービスは3つのコンポーネントを持ちます。

フロントエンド（クライアントサイド）、実際の仕事を行うバックエンド、関連データを格納、取得するための方法です。

マイクロサービスのフロントエンド、クライアントサイドは、典型的なフロントエンドアプリケーションのようなものではなく、静的なエンドポイントを持つAPI（アプリケーションプログラミングインターフェイス）です。よく設計されたマイクロサービスAPIがあれば、マイクロサービスは関連するAPIエンドポイントにリクエストを送って、簡単かつ効果的にやり取りすることができます。たとえば、顧客データを担当するマイクロサービスは、get_customer_information、update_customer_information、delete_customer_informationといったエンドポイントを持つでしょう。ほかのサービスは、顧客についての情報を知るためにget_customer_information、特定の顧客の情報を更新するためにupdate_customer_information、顧客の情報を削除するためにdelete_customer_informationの各エンドポイントにリクエストを送ります。

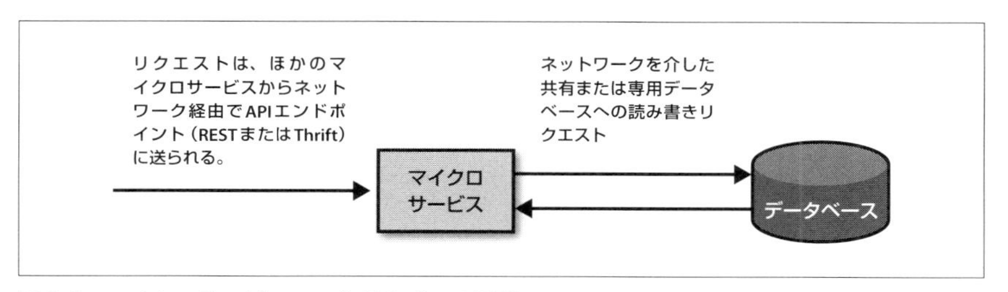

図1-6　マイクロサービスアーキテクチャの要素

これらのエンドポイントは、アーキテクチャの上で理論的に分割されているだけであり、実際に分割されているわけではありません。リクエストを処理するバックエンドコードの一部として共存しています。顧客データを処理するこのマイクロサービスの例の場合、get_customer_informationエンドポイントにリクエストを送ると、送られてきたリクエストを処理し、リクエストに適用されたフィルタやオプションを判定し、データベースから情報を取得し、情報を整形してリクエストを送ってきたクライアント（マイクロサービス）に返すタスクが起動されます。

ほとんどのマイクロサービスは、メモリ（おそらくキャッシュを使って）メモリに、または外部データベースに何らかのデータを格納します。データをメモリに格納している場合には、外部データベースにネットワーク呼び出しを行う必要はなく、マイクロサービスは関連するデータを簡単にクライアントに返すことができます。データを外部データベースに格納する場合には、マイクロサービスはデータベースに別のリクエストを発行し、レスポンスを待ち、タスクの処理を続けます。

マイクロサービス同士をうまく協力させるためには、このアーキテクチャが必要です。マイクロサービスアーキテクチャのパラダイムでは、マイクロサービスに分割されていなければ1つの大規模なアプリケーションを構成するようなものを実現するために、一連のマイクロサービスが協力し合って動作しなければなりません。そこで、マイクロサービスを効率よくやり取りさせるために、アーキテクチャの中に全社で標準化しなければならない要素が含まれることになります。

マイクロサービスのAPIエンドポイントは、全社を通じて標準化されていなければなりません。これは、すべてのマイクロサービスが特定の同じエンドポイントを持っていなければならないということではなく、エンドポイントの種類が同じでなければならないということです。マイクロサービスのAPIエンドポイントでもっともよく使われている種類はRESTとApache Thriftですが、私は両方の種類のエンドポイントを持つマイクロサービスを見たことがあります（このようなものはまれであり、監視が複雑になります。私としては、特にこれをお勧めするつもりはありません）。エンドポイントの種類の選択は、マイクロサービス自体の内部動作を反映したものになり、アーキテクチャを左右することになります。たとえば、RESTエンドポイントでHTTPを介して通信する非同期マイクロサービスを構築するのは、困難です。その場合は、サービスにメッセージングベースのエンドポイントも追加しなければならなくなります。

マイクロサービスは、RPC（**リモートプロシージャコール**）を介してやり取りします。RPCは、ローカルな関数呼び出しと同じように見え同じように動作するネットワーク経由の呼び出しです。使われるプロトコルは、エンドポイントだけでなく、アーキテクチャ上の選択、会社のサポートによって決まります。たとえば、RESTエンドポイントを使うマイクロサービスは、HTTPを介してほかのマイクロサービスとやり取りするのに対し、Thriftエンドポイントを使うマイクロサービスはHTTPかカスタマイズされた社内専用ソリューションでほかのマイクロサービスとやり取りするでしょう。

マイクロサービスとエンドポイントはバージョニングさせない

マイクロサービスはライブラリではなく（つまり、コンパイル時や実行時にメモリにロードされるわけではなく）、独立したアプリケーションです。マイクロサービス開発はペースが速いので、マイクロサービスに異なるバージョンを認めると、クライアントサービスの開発者が自分のコードの中で（古くなり、メンテナンスされてない）特定のバージョンのマイクロサービスを指定するようなことをして、簡単に泥沼にはまることになります。マイクロサービスは、静的なリリースやライブラリではなく、生きていて変化する存在として扱わなければなりません。APIエンドポイントのバージョニングも同じような理由から避けなければならないアンチパターンです。

ほかのマイクロサービスとの通信のために使われるエンドポイントの種類やプロトコルには、それぞれメリットとトレードオフがあります。アーキテクチャのこの部分は、マイクロサービスを構築する個々の開発者が決めるのではなく、（次節で説明する）全体としてのマイクロサービスエコシステムのアーキテクチャの一部として決めなければなりません。

マイクロサービスは、開発者にかなり大きな自由を与えます。APIエンドポイントや通信プロトコルに関する全社的な決定は別として、開発者は、マイクロサービスの内部動作を自分の好きなように書くことができます。エンドポイントと通信プロトコルがきちんと処理されている限り、Go、Java、Erlang、Haskellなど、どの言語で書いても構いません。マイクロサービスの開発は、スタンドアロンアプリケーションの開発とそれほど大きく異なるわけではありません。ただし、開発者に言語の選択に関する自由を与えると、この章の最後の節（「**1.4　組織的な課題**」）で詳しく説明するように、技術組織にはかなりのコストがかかるので、注意が必要です。

マイクロサービスは、直接の開発者以外の人々からはブラックボックスとして扱うことができます。エンドポイントの1つにリクエストを送って何らかの情報を与えると、何らかの出力が得られます。合理的な時間内にとんでもないエラーを起こすことなくマイクロサービスから必要な情報を取り出せれば、マイクロサービスの仕事は終わりであり、呼び出さなければならないエンドポイントとサービスが正しく動作しているかどうか以外、何も考える必要はありません。

マイクロサービスアーキテクチャの細部についての議論はここで終わりますが、それはマイクロサービスアーキテクチャについて言わなければならないことがこれだけではないからです。マイクロサービスを理想のブラックボックス状態にするために、本書の1つ1つの章を使っていきます。

1.3 マイクロサービスエコシステム

マイクロサービスは、孤立しているわけではありません。マイクロサービスが構築、実行され、やり取りされる**環境**があります。大規模なマイクロサービス環境の複雑さは、熱帯雨林、砂漠、大洋の生態学的な複雑さに匹敵するものなので、マイクロサービス環境のことをエコシステム（**マイクロサービスエコシステム**）として考えると、マイクロサービスアーキテクチャを採用するときに役に立ちます。

よく設計された持続可能なマイクロサービスエコシステムでは、マイクロサービスからインフラストラクチャ全体が抽象化され、これらを意識する必要はありません。ハードウェア、ネットワーク、ビルド/デプロイパイプライン、サービス検出、負荷分散などを、すべて意識しなくて済みます。これらはすべてマイクロサービスエコシステムのインフラストラクチャの一部であり、マイクロサービスの運用を成功させるためには、このインフラストラクチャを安定していて、スケーラブルで、耐障害性があり、確実な形で構築、標準化、メンテナンスすることが必要不可欠です。

インフラストラクチャは、マイクロサービスエコシステムを支えなければなりません。すべてのインフラストラクチャエンジニア、アーキテクトは、マイクロサービス開発から低水準の運用の問題に対する配慮を取り除き、スケーラブルで、開発者が簡単にマイクロサービスを構築、実行できる安定したインフラストラクチャを構築することを目指す必要があります。安定したマイクロサービスエコシステムでのマイクロサービス開発は、小さなスタンドアロンのアプリケーションの開発とよく似たものになるはずです。そのためには、非常に洗練された一流のインフラストラクチャが必要になります。

マイクロサービスエコシステムは、4つのレイヤに分割できますが（**図1-7**）、それぞれの境界はいつも明確に定義されているとは限りません。インフラストラクチャの一部の要素は、スタックのすべての部分と関わりを持っています。下位3層は、インフラストラクチャレイヤです。スタックの最下位にはハードウェアレイヤがあり、その上に通信レイヤがあります（通信レイヤはマイクロサービスレイヤにもつながっています）。そして、その上にアプリケーションプラットフォームがあります。マイクロサービスがいるのは第4（最上位）レイヤです。

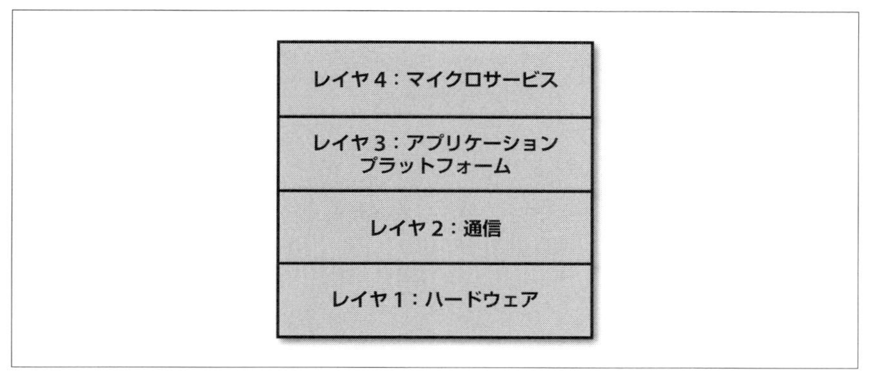

図1-7 マイクロサービスエコシステムの4層モデル

1.3.1 レイヤ1：ハードウェア

マイクロサービスエコシステムのもっとも下には、**ハードウェアレイヤ**があります。ここは、実際のマシン、現実にある物理コンピュータで、すべての内部ツールとすべてのマイクロサービスがこの上で実行されます。サーバはデータセンター内のラックに配置され、高価な空調システムで冷却され、電力で動作します。さまざまな種類のサーバが使われる場合があります。たとえば、一部のサーバはデータベース用に最適化され、別の一部のサーバはCPUに負荷のかかるタスクに最適化されるといった形です。これらのサーバは企業自身が所有することもできるし、AWS EC2（Amazon Web ServicesのElastic Compute Cloud）やGCP（Google Cloud Platform）、Microsoft Azureなどのいわゆるクラウドプロバイダから「レンタル」することもできます。

具体的なハードウェアは、サーバの所有者が選択します。独自データセンターを運営している企業なら、ハードウェアを自分で選択できるので、特定のニーズに合わせて最適化されたサーバを選ぶことができます。それに対し、クラウドのサーバを実行する場合は（その方が一般的なシナリオです）、選択肢はクラウドプロバイダが提供するハードウェアに制限されます。**ベアメタル**か（単一、または複数の）**クラウドプロバイダ**かは、簡単に決められることではなく、コスト、可用性、信頼性、運営費などを考慮しなければなりません。

これらのサーバの管理は、ハードウェアレイヤの一部です。各サーバには**オペレーティングシステム**をインストールする必要があり、使うオペレーティングシステムはすべてのサーバで標準化すべきです。マイクロサービスエコシステムがどのオペレーティングシステムを使うべきかについては、正解はありません。この質問に対する答えは、構築したいアプリケーション、アプリケーションを書くために使うプログラミング言語、マイクロサービスが必要とするライブラリやツールによって変わってきます。マイクロサービスエコシステムの多くはLinuxの何らかのディストリビューションを使っており、CentOS、Debian、Ubuntuといったものがよく見られます。しかし、.NETを使う企業は、当然別のものを選ぶでしょう。ハードウェアの上には、別の抽象化レイヤを構築して重ねることができます。リソースの分離、抽象化（DockerやApache Mesosなどが提供するテクノロジー）は、専用、または共有のデータベースと同様にこのレイヤの一部になります。

オペレーティングシステムをインストールし、ハードウェアを**プロビジョニング**するのは、サーバ自体のすぐ上のレイヤになります。個々のホストは、プロビジョニングと構成を必要とします。オペレーティングシステムをインストールしたあとに、Ansible、Chef、Puppetなどの**構成管理**ツールを使ってすべてのアプリケーションをインストールし、必要とされる構成を行います。

ホストには、Nagiosなどを使った適切な**ホストレベルの監視**と**ホストレベルのロギング**を完備させ、ディスク障害、ネットワーク障害、CPU使用率の高止まりなどが発生したときに、ホストの問題を簡単に診断、緩和、解決できるようにします。なお、ホストレベルの監視については、「**6章　監視**」で詳しく説明します。

レイヤ1：ハードウェアレイヤのまとめ

マイクロサービスエコシステムのハードウェアレイヤ（レイヤ1）には、次のものが含まれます。

- 物理サーバ（企業が自ら所有するか、クラウドプロバイダからレンタルする）
- データベース（専用、共有、両者の組み合わせ）
- オペレーティングシステム

- リソースの分離、抽象化レイヤ
- 構成管理
- ホストレベルの監視
- ホストレベルのロギング

1.3.2 レイヤ2：通信

マイクロサービスエコシステムの第2レイヤは、**通信レイヤ**です。通信レイヤはサービス間の通信をすべて処理しているレイヤなので、エコシステムのほかのすべてのレイヤ（アプリケーションプラットフォーム、マイクロサービスレイヤを含む）につながっています。通信レイヤとマイクロサービスエコシステムのほかのレイヤとの境界は、はっきりしません。しかし、境界がはっきりしなくても**要素**ははっきりしています。通信レイヤには、必ずネットワーク、DNS、RPC、APIエンドポイント、サービス検出、サービスレジストリ、負荷分散が含まれています。

ネットワークやDNSといった要素は本書で扱うべきものではないので、この節ではRPC、APIエンドポイント、サービス検出、サービスレジストリ、負荷分散について説明します。

1.3.2.1 RPC、エンドポイント、メッセージング

マイクロサービスは、ほかのマイクロサービスの**APIエンドポイント**に（または、メッセージングの場合は、メッセージを適切にルーティングするメッセージブローカーに）対する**RPC**（リモートプロシージャコール）か、**メッセージング**を使って、ネットワークを介して相互操作を行っています。つまり、マイクロサービスは、指定されたプロトコルを使ってネットワーク経由でほかのサービス（おそらくほかのマイクロサービスのAPIエンドポイント）か（さらにほかのマイクロサービスのAPIエンドポイントにデータを確実に送り届ける）メッセージブローカーに、標準化された形式でデータを送るのです。

マイクロサービスの通信パラダイムには、いくつかの種類があります。その中でも、**HTTP+REST/Thrift**はもっとも一般的なものです。HTTP+REST/Thriftでは、サービスは**HTTP**（HyperText Transfer Protocol）を使って通信し、（GET、POSTなどの

さまざまなHTTPメソッドが使われる）**REST**（representational state transfer）エンドポイントか**Apache Thrift**エンドポイント（またはその両方）との間でリクエストを送り、レスポンスを受け取ります。HTTP上では、データは通常**JSON**（または**プロトコルバッファ**）に整形されてやり取りされます。

HTTP+RESTは、マイクロサービスの通信ではもっとも便利な形態です。設定が簡単で安定性、信頼性がもっとも高いので、それは意外なことではありません。何しろ、このパラダイムは、実装を誤るのが困難です。しかし、必然的に同期型（ブロッキング）になるという欠点があります。

第2の通信パラダイムは**メッセージング**です。メッセージングは非同期（ノンブロッキング）ですが、少し複雑になってしまいます。このパラダイムでは、マイクロサービスはネットワーク（HTTPまたはほかのプロトコル）を介して**メッセージブローカー**にデータ（**メッセージ**）を送ります。すると、メッセージブローカーがそれをほかのマイクロサービスにルーティングします。

メッセージングにはさまざまなバリエーションがありますが、もっともよく使われているのは**パブリッシュ-サブスクライブ**（pubsub）メッセージングと**リクエスト-レスポンス**メッセージングです。pubsubモデルでは、クライアントは**トピック**を**サブスクライブ**（購読）し、**パブリッシャ**がそのトピックのメッセージを**パブリッシュ**（発行）すると、クライアント（サブスクライバ）がメッセージを受け取ります。リクエスト-レスポンスはもっと直接的で、クライアントがサービス（またはメッセージブローカー）に**リクエスト**を送ると、そこから**レスポンス**としてリクエストされた情報が返されます。Apache Kafkaのように、両方のモデルを混合したメッセージングテクノロジーもあります。Pythonで書かれたマイクロサービスでは、メッセージング（およびタスク処理）のためにCeleryとRedis（またはCeleryとRabbitMQ）を使います。Celeryは、RedisかRabbitMQをブローカーとしてタスク、メッセージ、またはその両方を処理します。

メッセージングにはいくつかの大きな欠点があり、それらを何らかの方法で緩和する必要があります。最初からスケーラビリティを意識してアーキテクチャを作れば、メッセージングは（HTTP+REST以上とまではいかなくても）それと同じくらいスケーラブルにすることができます。しかし、メッセージングはHTTP+RESTよりも変更、更新が難しく、中央集権的なので（これはメリットと考えることもできますが）、キューやブローカーがエコシステム全体の障害点になることがあります。また、適切な対策をしなければ、非同期の性質を持つメッセージングは競合や無限ループを引き起こします。しかし、これらの問題を防ぐように実装されたメッセージングシステムは、同期型のシステムと同じくらい安定していて効率のよいものになり得ます。

1.3.2.2 サービス検出、サービスレジストリ、負荷分散

モノリシックなアーキテクチャでは、1つしかないアプリケーションにトラフィックを送れば、アプリケーションをホスティングしているサーバに適切に分散されます。しかし、マイクロサービスアーキテクチャでは、大量にあるさまざまなアプリケーションにトラフィックを適切にルーティングし、そのあとで個々のマイクロサービスをホスティングしているサーバに分散しなければなりません。これを効率よく効果的に行うために、マイクロサービスアーキテクチャは、通信レイヤで**サービス検出**、**サービスレジストリ**、**負荷分散**の3つのテクノロジーを実装する必要があります。

一般に、マイクロサービスAがほかのマイクロサービスBにリクエストを発行するときには、マイクロサービスAは、マイクロサービスBがホスティングされている特定のインスタンスのIPアドレスとポートを知っていなければなりません。より正確に言うと、マイクロサービスを結ぶ通信レイヤは、マイクロサービス間のリクエストを適切にルーティングするために、マイクロサービスのIPアドレスとポートを知っていなければなりません。これを処理するのが**サービス検出**（etcd、Consul、Hyperbahn、ZooKeeperなど）です。サービス検出は、リクエストが送られるべき場所に正確にルーティングされるようにするとともに、（非常に重要なこととして）ルーティング先が健全なインスタンスだけになるようにします。サービス検出は、エコシステムに含まれるすべてのマイクロサービスのIPとポートを管理するデータベースである**サービスレジストリ**を必要とします。

動的スケーリングと割り当てられるポート

マイクロサービスアーキテクチャでは、IPとポートは絶えず変更でき、実際に変更されています。特に、マイクロサービスがスケーリングされ、再デプロイされるときはそうです（Apache Mesosなどのハードウェア抽象化レイヤがあるときはなおさらです）。検出とルーティングのアプローチとしては、個々のマイクロサービスに静的なポート（フロントエンドとバックエンドの両方）を割り当てるものもあります。

個々のマイクロサービスをホスティングするインスタンスが1つだけでない限り（このようなことはまずありません）、マイクロサービスエコシステムの通信レイヤ全体のさまざまな部分に**負荷分散**を配置する必要があります。非常に大雑把に言うと、負荷分散ソフトウェア（またはハードウェア、その両方）は、トラフィックがすべてのインスタンスに分配（分散）されるようにします。負荷分散は、エコシステムの中のアプリケーションにリクエストが送られるあらゆる箇所で必要になります。そのため、大規模なマイクロサービスエコシステムには、負荷分散の何層もの分厚いレイヤが含まれることになります。この目的のためによく使われるロードバランサは、AWS Elastic Load Balancer、Netflix Eureka、HAProxy、nginxです。

レイヤ2：通信レイヤのまとめ

マイクロサービスエコシステムの通信レイヤ（レイヤ2）には、次のものが含まれます。

- ネットワーク
- DNS
- RPC（リモートプロシージャコール）
- エンドポイント
- メッセージング
- サービス検出
- サービスレジストリ
- 負荷分散

1.3.3 レイヤ3：アプリケーションプラットフォーム

アプリケーションプラットフォームレイヤは、マイクロサービスエコシステムの第3レイヤで、マイクロサービスに依存しないすべての内部ツール、サービスを含んでいます。このレイヤは、一元管理されたエコシステム全体で使われるツール、サービスから構成されており、これらのツール、サービスは、マイクロサービス開発チームが自分のマイクロサービス以外のものを設計、構築、メンテナンスしなくても済むように作られていなければなりません。

優れたアプリケーションプラットフォームには、開発者のための**セルフサービス内部ツール**、標準化された**開発プロセス**、自動化され、一元管理されている**デプロイソリューション**、一元管理されている**マイクロサービスレベルのロギングと監視**が備わっています。これらの要素の詳細はあとの章で説明しますが、ここでも基本概念に親しむために、一部を簡単に説明しておきます。

1.3.3.1 セルフサービス内部ツール

セルフサービス内部ツールに分類されるものは非常に多岐にわたっており、どれがこのカテゴリに分類されるかは、開発者のニーズだけでなく、インフラストラクチャとエコシステム全体の抽象化や洗練の度合いによって決まります。どのようなツールを作らなければならないかを決めるためのポイントは、まず担当領域を分割してから、開発者がそれぞれのサービスを設計、構築、メンテナンスするためにどのようなタスクが必要かを考えることです。

マイクロサービスアーキテクチャを採用した企業では、さまざまな技術チームに与える職務分担を綿密に検討する必要があります。簡単なのは、マイクロサービスエコシステムのレイヤごとに下位組織を作り、個々のレイヤを橋渡しするチームを別に作るというものです。これらの下位組織は、半ば独立した形で仕事を進め、それぞれの担当レイヤに含まれるすべてのものに対して責任を持ちます。TechOpsの各チームはレイヤ1、インフラストラクチャの各チームはレイヤ2、アプリケーションプラットフォームの各チームはレイヤ3、マイクロサービスの各チームはレイヤ4を担当します（もちろん、これは非常に単純化されていますが、一般的なイメージはつかめるでしょう）。

このような組織構造の中で、上位レイヤの仕事をするエンジニアが、自分よりも下位のレイヤの何かを設定、構成、利用しなければならないときには、そのエンジニアが使えるセルフサービスツールを用意しなければなりません。たとえば、マイクロサービスチームの開発者が自分のサービスのためにメッセージングを構成しなければならなくなったときに、メッセージングシステムの複雑な細部についての完全な知識がなくてもメッセージングを簡単に構成できるようにするために、エコシステムのメッセージングを担当するチームは、セルフサービスツールを作る必要があります。

各レイヤにこのような一元管理されたセルフサービスツールを備えるべき理由はた

くさんあります。多様性の高いマイクロサービスエコシステムの中では、どのチームでも、平均的なエンジニアは、ほかのチームが担当しているサービスやシステムの仕組みについての知識をほとんど、あるいはまったく持っていないし、自分の仕事をしながら個々のサービスやシステムのエキスパートになることはとてもできません。単純に不可能なのです。しかし、個々の開発者を取り出して見れば、自身のサービス以外についてはほとんど何も知らないにもかかわらず、エコシステムの中で仕事をしている開発者全体を見れば、彼らは集合的にすべてのことを知っています。そこで、個々の開発者に、エコシステムに含まれる個々のツール、サービスの詳細を教え込もうとするのではなく、エコシステムのすべての部分に持続可能で使いやすいユーザインターフェイスを構築し、そのユーザインターフェイスの使い方を教えるのです。つまり、すべてのものをブラックボックス化して、その仕組みと使い方を正確にドキュメントするということです。

こういったツールを上質な形で作ろうとする第2の理由は、ほかのチームの開発者が自分のサービスやシステム、特に機能停止を起こすようなものに大幅な変更を加えられないようにすることです。これは、下位レイヤ（レイヤ1、2、3）のサービス、システムでは特に切実な問題になります。これらのレイヤに含まれるものをエキスパート以外の人間が書き換えられるようにしたり、彼らにエキスパートになることを求めたり（もっと悪い場合は、期待したり）すると、確実に大きな災難を引き起こします。こういったことが特に大きな問題を起こすのは、構成管理です。構成管理の専門能力がないのに、マイクロサービスチームの開発者にシステム構成の操作を許してしまうと、彼らのサービス以外にも影響を及ぼす変更を加えてしまったときに、本番システムが大規模な機能停止を起こすでしょう。

1.3.3.2 開発サイクル

開発者が既存のマイクロサービスに変更を加えたり、新しいマイクロサービスを作ったりするときに、開発プロセスを整理して標準化し、自動化できる部分は自動化すると、効果的に開発を進められるようになります。安定していて信頼できる開発プロセスの標準化の詳細は、「**4章　スケーラビリティとパフォーマンス**」で説明しますが、そのような開発プロセスのためにアプリケーションプラットフォームレイヤで必ず用意しておかなければならないものがいくつかあるので、それを紹介しておきます。

まず第1は、すべてのコードが格納、追跡、バージョニング、検索できる一元的な**バージョン管理システム**です。通常は、GitHubのようなものを使うか、Phabricatorのようなコラボレーションツールにリンクされた社内ホスティングのgit、svnリポジトリを使うことになります。これらを使えば、コードのメンテナンスとレビューが簡単になります。

第2に必要なのは、安定していて効率的な**開発環境**です。マイクロサービスエコシステムでは、個々のマイクロサービスがほかのサービスに対して複雑な依存関係を持つために、開発環境の実装が難しいことがよく知られています。しかし、開発環境は必要不可欠です。開発をすべてローカルに（開発者のノートPCで）行う方法を選んでいる技術組織もありますが、それでは自分が書いたコード変更が本番環境でどのような動きをするかが正確に見えてこないので、デプロイ後に問題を起こすことがあります。もっとも安定性、信頼性の高い開発環境は、依存、被依存関係をすべて含む本番環境のミラー（ステージング、カナリア、本番環境ではないもの）です。

1.3.3.3 テスト、ビルド、パッケージング、リリース

開発とデプロイの間にある**テスト、ビルド、パッケージング、リリース**の手順は、できる限り一元的に標準化すべきです。開発サイクルが終わり、コード変更をコミットしたら、必要なテストをすべて実行し、新リリースを自動的にビルド、パッケージングするのです。この目的のために**継続的インテグレーション**（CI）ツールがあり、Jenkinsなどの既存のソリューションは、非常に高度で簡単に構成できるようになっています。これらのツールを使えば、簡単にプロセス全体を自動化できるため、ヒューマンエラーが入り込む余地はほとんどなくなります。

1.3.3.4 デプロイパイプライン

デプロイパイプラインは、開発サイクルとそのあとのテスト、ビルド、パッケージング、リリース手順が終了したコードを本番サーバに送り込むためのプロセスです。毎日数百回のデプロイが行われるのが決して異常なことではないマイクロサービスエコシステムでは、デプロイはあっという間に複雑化してしまいます。そのため、デプロイのためのツールを整備し、すべての開発チームを対象とするデプロイプラクティスの標準化が必要になることが多くあります。安定していて信頼できる（本番環境対応の）デプロイパイプラインを作るための原則は、「**3章　安定性と信頼性**」で詳しく

説明します。

1.3.3.5 ロギングと監視

すべてのマイクロサービスは、送られてきたすべてのリクエスト（およびすべての関連情報、重要情報）とそのレスポンスを記録する、**マイクロサービスレベルロギング**の機能を持たなければなりません。マイクロサービス開発はペースが速いため、障害が起こったときのシステムの状態を作り直すことができず、バグを再現できないことが少なくありません。マイクロサービスレベルでしっかりとしたログを残しておけば、開発者は、過去または現在の特定のタイミングにおけるサービスの状態を完全に理解できます。マイクロサービスの主要な**メトリック**の**マイクロサービスレベル監視**も、同じ理由からとても重要です。リアルタイムの正確な監視機能があれば、開発者はいつも自分のサービスの健全性と状態を知ることができます。マイクロサービスレベルのロギングと監視については、「**6章　監視**」で詳しく説明します。

> **レイヤ3：アプリケーションプラットフォームレイヤのまとめ**
>
> マイクロサービスエコシステムのアプリケーションプラットフォームレイヤ（レイヤ3）には、次のものが含まれます。
>
> - セルフサービス内部ツール
> - 開発環境
> - テスト、パッケージング、ビルド、リリースツール
> - デプロイパイプライン
> - マイクロサービスレベルロギング
> - マイクロサービスレベル監視

1.3.4 レイヤ4：マイクロサービス

マイクロサービスエコシステムの最上位には**マイクロサービスレイヤ**（レイヤ4）があります。このレイヤには、マイクロサービス（およびマイクロサービスに固有なあらゆるもの）が含まれ、下位のインフラストラクチャレイヤは完全に抽象化されてい

ます。ここでは、ハードウェア、デプロイ、サービス検出、負荷分散、通信といったものはすべて抽象化されています。抽象化されていないのは、個々のサービスがツールを使うための構成だけです。

ソフトウェアの世界では、すべてのアプリケーションの構成を一元化して、特定のツール、またはツールセット（構成管理、リソース分離、デプロイツールなど）の構成情報がツール自体といっしょに格納されるようにすることが、一般的です。たとえば、アプリケーションのカスタムデプロイ設定は、アプリケーションコードではなく、デプロイツールのコードとともに格納されることが多いでしょう。このプラクティスは、モノリシックアーキテクチャや小規模なマイクロサービスエコシステムではうまく機能しますが、数百ものマイクロサービスと、それぞれが独自のカスタム設定を持っている数十の内部ツールが含まれる非常に大規模なマイクロサービスエコシステムでは、かえってごちゃごちゃしてしまいます。マイクロサービスチームの開発者たちは、下位レイヤのツールのコードベースに変更を加えなければならなくなりますが、特定の構成情報がどこにあるか（そもそも存在するかも）がわからなくなってしまうことが多のです。この問題を緩和するために、マイクロサービス固有の構成情報はマイクロサービスのリポジトリに格納できるようにし、下位レイヤのツールやシステムからもアクセスできるようにしておきます。

レイヤ4：マイクロサービスレイヤのまとめ

マイクロサービスエコシステムのマイクロサービスレイヤ（レイヤ4）には、次のものが含まれます。

- マイクロサービス
- マイクロサービス固有の構成情報

1.4　組織的な課題

マイクロサービスアーキテクチャを採用すると、モノリシックなアプリケーションアーキテクチャが抱える数々の重大な問題が解決されます。マイクロサービスには、モノリスのスケーラビリティ、効率の欠如、新テクノロジーへの対応の難しさといった問題はありません。マイクロサービスは、スケーラビリティ、処理効率、開発者のベロシティを上げるために最適化されています。新テクノロジーがあっという間に市場牽引力を獲得するような業界では、面倒でモノリシックなアプリケーションをメンテナンスして改良を加えていくための組織的コストは、単純に現実的ではありません。以上のことを考えると、モノリスをマイクロサービスに分割するのを躊躇したり、0からマイクロサービスエコシステムを構築することに二の足を踏んだりする理由は、ほとんど想像できないでしょう。

マイクロサービスは魔法の（そして自明の）ソリューションのように見えますが、そこに留まっていてはなりません。Frederick Brooksは、『*The Mythical Man-Month*』[*1]の中で、ソフトウェアエンジニアリングには特効薬はないということを「テクノロジーであれ、管理テクニックであれ、それだけで10年以内に生産性、信頼性、単純性をたった10倍だけでも向上させられるものなどない」と述べ、その理由を説明しています。

劇的な向上を約束してくれるテクノロジーを見せられたときには、トレードオフを探さなければなりません。マイクロサービスは、スケーラビリティと効率の向上を約束しますが、システム全体のどこかにそのために犠牲になっている部分があるはずです。

マイクロサービスアーキテクチャを取り入れることによるトレードオフの中で特に重大なものは、4つあります。第1は、コンウェイの法則の逆が働くことにより、チームの孤立化とチーム間のコミュニケーション不足が起こる方向に組織構造が変わることです。第2は、技術的なスプロール（不規則な成長）で、これは組織全体にとって莫大なコストがかかるだけでなく、個々のエンジニアにとっても大きなコストになります。第3のトレードオフはシステムの障害の起き方が増えること、第4のトレードオフは技術とインフラストラクチャのリソースの奪い合いです。

1.4.1 逆コンウェイの法則

1968年にプログラマのMelvin Conwayにちなんで名付けられた**コンウェイの法則**とは、システムのアーキテクチャは、コミュニケーションと企業の組織構造によって決まるというものです。それに対し、企業の組織構造は製品のアーキテクチャによっ

＊1 邦題『人月の神話（新装版）』丸善出版

て決まるというコンウェイの法則の逆もまた正しく（これを**逆コンウェイの法則**と呼ぶことにします）、マイクロサービスエコシステムにとっては特に重要な意味があります。コンウェイの法則が初めて示されてから40年以上が経ちますが、法則と逆法則は今でもともに正しいようです。Microsoftの組織構造は、システムのアーキテクチャを描くように描いてみると、その製品構造と非常によく似ていることがわかります。同じことがGoogle、Amazon、その他IT業界のすべての大企業に当てはまります。マイクロサービスアーキテクチャを取り入れた企業は、この法則の例外には決してなれないでしょう。

マイクロサービスアーキテクチャは、小さくて独立、孤立した無数のマイクロサービスから構成されます。逆コンウェイの法則から考えると、マイクロサービスアーキテクチャを使っている企業の組織構造は、必然的に小さくて独立、孤立した無数のチームを抱えたものになります。このようなチーム構造は、不可避的にサイロ化とスプロールを招きます。これらの問題は、マイクロサービスエコシステムが高度化、複雑化し、並行性、効率を高めるたびに悪化していきます。

逆コンウェイの法則には、開発者もある意味でマイクロサービスに似ていくという意味があります。つまり、彼らは1つのことをすることができ、（願わくは）その1つをうまくこなしますが、（責任、ドメインの知識、経験という意味で）エコシステムのその他の部分から孤立しています。以上から考えると、マイクロサービスエコシステムの中で仕事をしている開発者全体は、**集合的に**エコシステムについて知るべきすべてのことを知っていますが、個人を見てみると、極端に専門分化しており、エコシステムについては、自分が担当しているごくわずかの部分しか知りません。

そのため、必然的にある組織的な問題が起こります。マイクロサービスは孤立した形で開発しなければならないのに（そのため、孤立し、サイロ化したチームが作られます）、製品全体を機能させるためには、孤立した形では意味をなさず、互いにシームレスにやり取りできなければなりません。そのためには、孤立し、独立して機能しているチームが頻繁に密に協力しなければならないことになります。ほとんどのチームの（チームの「目標と主要な結果」（OKR）として成文化されている）目的と計画が自分たちの担当するマイクロサービスに固有であることを考えれば、これを達成するのは非常に困難です。

マイクロサービスチームとインフラストラクチャチームの間にも、埋めなければならない大きなコミュニケーションギャップがあります。たとえば、アプリケーションプラットフォームチームは、すべてのマイクロサービスチームが使うプラットフォームサービスとツールを作らなければなりませんが、小さなプロジェクトを1つ立ち上げるためにも、数百ものマイクロサービスチームの要件とニーズを集めなければなりません。これには数か月（あるいは数年）かかる場合があります。開発者チームとインフラストラクチャチームに協力的に仕事をさせるのは、簡単なことではありません。

逆コンウェイの法則に関連してもう1つ、モノリシックなアーキテクチャの企業ではまず見られない問題が起こります。それは、運用部門の運営です。モノリスなら、運用部門は簡単に要員を集めて、簡単にオンコールをローテーションできます。しかし、マイクロサービスアーキテクチャでは、どのマイクロサービスにも開発チームと運用チームの両方が必要になるため、それが簡単にできません。マイクロサービス開発チームは、そのマイクロサービスの運用にも責任を負わざるを得ません。オンコールや監視を引き受ける独立した運用組織がないため、開発者たちも自分たちのサービスのオンコールローテーションに組み込まなければなりません。

1.4.2 技術的スプロール

第2のトレードオフである**技術的スプロール**も、第1のトレードオフと関連しています。マイクロサービスを採用すると、コンウェイの法則とその逆から、組織的なスプロールと組織のサイロ化が予想されますが、マイクロサービスアーキテクチャでは、テクノロジー、ツールなどに関連する第2の種類のスプロールも避けられません。技術的スプロールはさまざまな形で姿を現します。ここでは、もっとも一般的な形をいくつか紹介します。

1,000個のマイクロサービスが含まれる巨大なマイクロサービスエコシステムのことを考えれば、マイクロサービスアーキテクチャが技術的スプロールを引き起こす理由を容易に理解できるでしょう。これらのマイクロサービスは、6人の開発者を抱える開発チームが担当しているものとして、個々の開発者がそれぞれの好みのツール、ライブラリを使い、好みの言語で仕事をしています。これらの開発チームがそれぞれ独自のデプロイ方法、監視、アラートの方法を持ち、本番システムで実行される独自の外部ライブラリとチームで決めた依存システム、カスタムスクリプトを持っています。

このようなチームが1,000もあれば、1つのシステムの中に同じことをするための1,000通りの方法があるということになります。1,000種類のデプロイ方法、1,000種類のライブラリ、1,000種類の監視、アラート、テスト、機能停止処理方法を持つということです。技術的スプロールを止めるには、マイクロサービスエコシステムのあらゆるレベルで標準化を進めるしかありません。

言語の選択をめぐっては、別の種類の技術的スプロールがあります。マイクロサービスは、開発者に自由を約束することで知られています。使いたい言語とライブラリを選べる自由です。これは原則として可能であり、実践的にも間違っていませんが、マイクロサービスエコシステムが大きくなってくると、コストがかかって非現実的で危険な自由になっていきます。なぜこれが問題になるのかは、具体的な状況を少し考えればわかります。200のサービスを含むマイクロサービスエコシステムがあり、その一部がPython、一部がJavaScript、さらに一部がHaskellで書かれていて、Goで書かれているものが少数あり、Ruby、Java、C++で書かれているものがさらに2、3個ずつあるものとします。これらの言語1つ1つのために、エコシステムの各レイヤに含まれる1つ1つの内部ツール、システム、サービスのライブラリを書かなければならないのです。

個々の言語が必要なサポートを受けるためにしなければならない開発、メンテナンス作業の量をよく考えてみましょう。非常に膨大であり、実現できるほどの技術リソースを持っている技術組織はごくまれでしょう。大量の言語をサポートするよりも、少数のサポート言語を選び、すべてのライブラリやツールが、それらの言語のバージョン、それらの言語に対する互換性を持つようにする方が現実的です。

ここで取り上げる最後の技術的スプロールの種類は、技術的負債です。一般に、技術的負債とは、ある仕事をさっさと片付けようとして最高、最適な方法で実装しなかったために、あとでしなければならなくなる作業のことです。マイクロサービス開発チームは、速いペースで新機能をひねり出せることから考えると、技術的負債は目に見えない形で静かに積み上がっていくことが多いでしょう。機能停止が起こったり、システムの一部が壊れたりしたとき、インシデントレビューから生まれた仕事が最良のソリューションであることはまずありません。マイクロサービス開発チームの場合、そのときにすばやく問題を解決したものであれば十分によいということになり、もっとよいソリューションは将来に丸投げになっています。

1.4.3 障害の種類の増加

マイクロサービスは、小さい独立した多数の部品が絶えず変化している大規模で複雑な分散システムです。このような複雑なシステムを動かすときの現実は、部品が障害を起こし、その部品がたびたび障害を起こし、その部品が誰も予想できない形で障害を起こすというものです。ここで、第3のトレードオフが登場します。マイクロサービスアーキテクチャでは、システムの障害の種類が増えるのです。

障害に対する準備の方法、障害が起こったときの影響を緩和する方法、個々の部品とエコシステム全体の両方の限界と境界をテストする方法はいくつもあり、それらについては「**5章 耐障害性と大惨事対応**」で説明します。しかし、いかに多くの回復性テストを実行し、いかに多くの障害、大惨事のシナリオを検討したとしても、システムは必ず障害を起こすという事実からは逃れられません。障害が起こったときのために最善を尽くすことができるだけです。

1.4.4 リソースの奪い合い

自然界のほかのエコシステムと同様に、マイクロサービスエコシステムでもリソースをめぐる競争は激烈です。どの技術組織でも、持っているリソースは有限です。エンジニアリングリソース（チーム、開発者）も、ハードウェア/インフラストラクチャリソース（物理マシン、クラウドハードウェア、データベースストレージなど）も有限であり、どのリソースも会社にとっては多額のコストがかかります。

マイクロサービスエコシステムが大量のマイクロサービスと大規模で高度なアプリケーションプラットフォームを抱えている場合、チーム間でハードウェア/インフラストラクチャを奪い合うことになるのは避けられません。すべてのサービスやツールが同じように重要で、それらのスケーリングのニーズは最優先されるべきだと主張されます。

同様に、アプリケーションプラットフォームが適切なシステム、ツールを設計するために、マイクロサービスチームに仕様とニーズを尋ねると、すべてのマイクロサービスチームが自分たちのニーズこそもっとも重要だと主張し、それが盛り込まれなければ落胆するでしょう（不満を溜める場合もあります）。この種のリソースをめぐる競争は、チーム間に遺恨を残すことがあります。

リソースの奪い合いの最後の種類は、おそらくもっとも自明なものでもあります。管理職、チーム、別々の技術部門の間でのエンジニアの奪い合いです。コンピュータ科学科の卒業生が増え、開発者ブートキャンプが流行るようになっても、本当に優れた開発者はなかなか見つかるものではなく、もっとも希少で交換のきかないリソースの1つになっています。数百、数千ものチームがエンジニアを増やしたいと思っている状況では、すべてのチームが自分はほかのチームよりもエンジニアを必要としているということを主張するでしょう。

競争をある程度緩和する方法はあっても、リソースの奪い合いを避ける方法はありません。ビジネス全体にとっての重要度に基づいてチームを分類し、その重要度、優先順位に基づいてリソースを配分する方法がもっとも効果的な感じがします。しかし、この方法を取ると、開発ツールチームに十分なスタッフが確保できず、未来を形作ることに重要性があるプロジェクト（新しいインフラストラクチャテクノロジーの採用など）が捨て置かれることになりがちだという欠点があります。

2章
本番対応

マイクロサービスアーキテクチャを採用すると、開発者にはかなりの自由が与えられますが、マイクロサービスエコシステム全体の可用性を確保するためには、個々のマイクロサービスがアーキテクチャ、運用、組織をめぐる高い標準を満たす必要があります。この章では、マイクロサービスの標準化にまつわる問題を説明し、標準化の目標としての可用性という考え方を紹介し、本番対応の8つの標準を示した上で、技術組織全体に本番対応の標準を根付かせるための方法を提案します。

2.1 マイクロサービスの標準化にまつわる問題

モノリシックなアプリケーションアーキテクチャは、通常、アプリケーションのライフサイクルが始まる前に決まります。多くのアプリケーションのアーキテクチャは、会社が創業したときに決まっています。事業が軌道に乗り、アプリケーションが大きくなってくると、新機能を追加する開発者たちは、アプリケーションが最初に設計されたときの選択によって窮屈になっていることをしばしば感じるようになります。開発者は、言語の選択、使ってよいライブラリ、使ってよい開発ツール、追加するすべての新機能が全体としてのアプリケーションを損なわないようにするためのリグレッション（回帰）テストなどの制約を受けます。スタンドアロンでモノリシックなアプリケーションに対するリファクタリングも、依然として最初のアーキテクチャ上の決定に制約されます。最初に決めた条件がアプリケーションの未来を独占的に支配するのです。

マイクロサービスアーキテクチャを採用すると、開発者にはかなりの自由が与えられます。彼らはもうアーキテクチャに関する過去の決定に縛られず、自分のサービスのアーキテクチャを好きなように決められ、言語、データベース、開発ツールなどの選択でもある程度の自由が得られます。マイクロサービスアーキテクチャを採用することになると、開発者たちは、1つのこと(だけ)を行い、その1つのことを**とてつもなくよく**行うアプリケーションを作り、しなければならないことは何でも行い、好きなように作ってよい、ただ仕事だけはきちんとこなせ、という意味だと受け取ります。

マイクロサービス開発のこのようなロマンティックな理想化は、原則として正しいことです。すべてのマイクロサービスが同じように作られるわけではないし、そうであってはなりません。しかし、1つ1つのマイクロサービスはマイクロサービスエコシステムの一部であり、複雑な依存関係の連鎖が不可避的に必要になります。百、千、いや1万のマイクロサービスがあったとして、それらはそれぞれ非常に大きなシステムの中で小さな役割を担っています。サービスは互いにシームレスにやり取りできなければならないし、何よりも大切なことですが、1個のサービス、あるいはサービスのグループが、全体としてのシステムや製品の完全性を損なうようなことがあってはなりません。全体としてのシステムや製品が大切なら、何らかの標準が必要になり、必然的に個々の部品もその標準に従わなければなりません。

特定のチームのニーズとそのチームのサービスが果たす役割だけを考えれば、標準を決めてそのチームが守らなければならない要件を抽出するのは比較的簡単です。「君たちのマイクロサービスは、x、y、zを行わなければならない。そして、x、y、zをしっかりと行うためには、このSという一連の要件を満たす必要がある」と言えば、個々のチームに担当サービスの(そしてそのサービスだけに適用される)一連の要件を与えられます。しかし、このアプローチには単純にスケーラビリティがありません。そして、マイクロサービスがばかばかしく巨大で分散化されているパズルの非常に小さなピースだという重要な事実を見失っています。マイクロサービスには、すべてのマイクロサービスに適用できるほど一般的でありながら、定量化でき、測定可能な結果を生み出せる程度には個別的な標準と要件を定義しなければなりません。ここで登場するのが、本番対応という概念です。

2.2 可用性:標準化の目標

マイクロサービスエコシステムの一部としてサービスが成功したかどうかを測定するためにもっともよく使われているのが、サービスの可用性についてのSLA(サービスレベル契約)です。サービスの可用性が非常に高ければ(つまり、ダウンタイムがほとんどなければ)、かなりの自信を持って、サービスはきちんと自分の仕事をしていると言うことができます（ただし、注意しなければならないことはありますが）。

可用性は簡単に計算、測定できます。可用性の計算は、たった3個の測定可能な値があれば可能です。それは、**アップタイム**（マイクロサービスが正しく動作した時間）、**ダウンタイム**（マイクロサービスが正しく動作して**いなかった**時間）、サービスが運用されていた合計時間（アップタイムとダウンタイムの合計）です。可用性は、サービスが運用されていた合計時間（アップタイム＋ダウンタイム）でアップタイムを割れば計算できます。

可用性は役に立ちますが、それ自体ではマイクロサービスの標準化の原則にはなりません。可用性は目標です。標準化の原則にならないというのは、マイクロサービスのアーキテクチャをどのように決め、どのように構築、実行すべきかを指導してくれるわけではないからです。**なぜ**、どのようにしてということを示さずに、開発者たちにマイクロサービスの可用性をもっと上げろと言っても意味はありません。可用性と言うだけでは、適用できる具体的な手順はわかりません。しかし、以下の節で示すように、可用性の高いマイクロサービスを構築するという目標に近づくために役立つ具体的で適用可能な手順はあります。

可用性の計算

可用性は、サービスが利用できる状態だった時間の割合に対応するいわゆるナイン記法で測ることができます。たとえば、99%の時間に利用可能なサービスは、「ツーナインの可用性」があると言います。

この記法は、サービスに認められるダウンタイムの長さを具体的に示してくれるという点で便利です。サービスがフォーナインの可用性を確保しなければならないなら、1年に52.56分、月に4.38分、1週間に1.01分、1日に8.66秒のダウンタイムが認められるということです。

99%から99.999%までの可用性で認められるダウンタイムをまとめてみましょう。

99%の可用性（ツーナイン）

- 年に3.65日
- 月に7.20時間

- 週に1.68時間
- 1日に14.4分

99.9%の可用性（スリーナイン）

- 年に8.76時間
- 月に43.8分
- 週に10.1分
- 1日に1.44分

99.99%の可用性（フォーナイン）

- 年に52.56分
- 月に4.38分
- 週に1.01分
- 1日に8.66秒

99.999%の可用性（ファイブナイン）

- 年に5.26分
- 月に25.9秒
- 週に6.05秒
- 1日に864.3ミリ秒

2.3　本番対応の標準

本番対応の基本的な考え方は、次の通りです。本番対応できるアプリケーションやサービスとは、本番トラフィックを任せられるという信頼のあるアプリケーション、サービスです。アプリケーションやマイクロサービスを「本番対応」だというとき、それらに与える信頼はさまざまなものです。合理的に動作するという信頼、確実に動作するという信頼、ほとんどダウンタイムなしで仕事をこなし、しかも仕事をよくこなしてくれるという信頼などです。本番対応は、マイクロサービスの標準化とマイクロサービスエコシステム全体の可用性確保の鍵を握っています。

しかし、ここで説明した限りでの本番対応は、我々が必要としている定義からはまだ遠いものです。もっと具体的に詳細に定義しなければ、ただ本番対応といってもあまり役に立ちません。本番稼働に対応しており、本番トラフィックの処理を確実に任せられるという信頼、ただでは得られず、努力して獲得しなければならない信頼を与えるために、すべてのサービスが満たさなければならない要件を正確に知る必要があります。それらの要件も、すべてのマイクロサービス、アプリケーション、分散システムに当てはまる原則でなければなりません。原則のない標準化は無意味です。

全体としてこの基準を満たす8つの原則があることがわかっています。これらの原則はそれぞれ定量化でき、アクション可能な要件として測定可能な結果を生み出します。それは、**安定性**、**信頼性**、**スケーラビリティ**、**耐障害性**、**大惨事対応**、**パフォーマンス**、**監視**、**ドキュメント**です。全部が揃えばマイクロサービスの可用性を引き上げる力になるということが、これらの原則を支えています。

可用性は、ある意味では、本番対応のマイクロサービスの特徴としては新しいものです。可用性は、スケーラブルで、信頼性があり、耐障害性があり、パフォーマンスが高く、監視され、ドキュメントされ、大惨事に対応できるマイクロサービスを構築することから生まれた概念です。これらの原則がバラバラに満たされているだけでは、可用性を保証することはできません。すべてが一体になっていなければならないのです。アーキテクチャと運用の要件としてこれらの原則を備えたマイクロサービスを作れば、本番トラフィックを任せられる可用性の高いシステムが構築できます。

2.3.1 安定性

マイクロサービスアーキテクチャを導入すると、開発者には、非常に高いベロシティで開発、デプロイできる自由が与えられます。新機能を毎日追加してデプロイでき、バグはすぐに取り除けます。古いテクノロジーは新しいテクノロジーに交換でき、使いものにならなくなったマイクロサービスは書き換え、古いバージョンは非推奨の時期を挟んで廃止することができます。このようにベロシティが上がると、安定性が下がってきます。マイクロサービスエコシステムでは、機能停止の大部分は、原因をたどっていくと、バグのあるコードなどの重大な欠陥を抱えたデプロイにたどり着きます。可用性を保証するためには、ベロシティの向上とマイクロサービスエコシステムの切れ目のない発展に起因する不安定性に対する、しっかりとした防御策が必要です。

安定性は、マイクロサービスへの変更が責任のある形で行われるようにすることを通じて、可用性という目標に近づけるようにしてくれます。**安定した**マイクロサービスとは、開発、デプロイ、新テクノロジーの追加、マイクロサービスの非推奨、廃止によってマイクロサービスエコシステム全体が不安定になることがないマイクロサービスです。個々のマイクロサービスに対する安定性の要件をはっきりさせれば、毎回の変更に伴うマイナスの副作用を緩和できます。

開発サイクルから生まれる問題を緩和するためには、安定した開発手順を導入すればよいのです。デプロイによって引き起こされる不安定性に対処するには、適切なステージング、カナリアデプロイ（本番対応ホストの2%から5%が含まれる小さなプール）を経て、適切な本番展開を行うようにします。新テクノロジーの導入や古いマイクロサービスの非推奨によってほかのサービスの可用性が損なわれるのを防ぐには、安定した導入、非推奨手続きを必ず使うようにすればよいのです。

安定性の要件

安定したマイクロサービスを構築するための要件は、次のようにまとめられます。

- 安定した開発サイクル
- 安定したデプロイプロセス
- 安定した導入、非推奨手続き

安定性の要件の詳細は、「**3章　安定性と信頼性**」で説明します。

2.3.2 信頼性

安定性だけではマイクロサービスの可用性を確保できません。サービスには**信頼性**も必要です。信頼性を備えたマイクロサービスとは、クライアント、依存関係、マイクロサービスエコシステム全体が安心して依存できるようなマイクロサービスです。**信頼性**を備えたマイクロサービスは、本番トラフィックを任せるために必要不可欠な信頼を獲得したマイクロサービスです。

安定性は変更に伴うマイナスの副作用を緩和するためのものでしたが、信頼性は信頼に関わる原則なので、両者は密接に結びついています。個々の安定性の要件には、信頼性の要件が付随しています。たとえば、開発者は、安定したデプロイプロセスを追求するだけでなく、クライアントや依存関係から見て安心、確実なデプロイを保証しなければなりません。

信頼性に含まれる信頼は、安定性の要件のときと同じように、複数の要件に分類できます。たとえば、統合テストを包括的なものにして、ステージング、カナリアデプロイを成功させれば、本番環境に導入される変更は、すべてクライアントや依存関係を損なうようなエラーが含まれていないものとして信頼することができます。

マイクロサービスに信頼性を組み込めば、マイクロサービスの可用性を守れます。データをキャッシュしてクライアントサービスがすぐに利用できるようにしておけば、自分のサービスの可用性を高めることにより、クライアントサービスのSLAの保護に役立ちます。そして、依存関係の可用性の問題から自分たちのSLAを守るためには、守りの堅いキャッシュを実装すればよいのです。

信頼性の最後の要件は、ルーティングと検出に関係しています。可用性を確保するためには、異なるサービスの間の通信、ルーティングが確実なものでなければなりません。健全性チェックが正確で、リクエストとレスポンスが相手に確実に届き、エラーを適切にていねいに処理しなければなりません。

信頼性の要件

信頼性を備えたマイクロサービスを構築するための要件は、次のようにまとめられます。

- 確実なデプロイのためのプロセス
- 依存関係の障害に対処するための計画、影響の緩和と障害からの保護
- 確実なルーティングと検出

信頼性の要件の詳細は、「3章　安定性と信頼性」で説明します。

2.3.3 スケーラビリティ

マイクロサービスのトラフィックが一定していることは、まずありません。マイクロサービス（そしてマイクロサービスエコシステム）が成功しているかどうかの目安の1つは、トラフィックの安定的な増加です。マイクロサービスは、トラフィックの増加に対応できるように作らなければなりません。増加に簡単に対応でき、増加に伴って自分もスケーリングできなければなりません。増加に合わせてスケーリングできないマイクロサービスは、レイテンシが高くなり、可用性が維持できなくなり、極端な場合にはインシデントや機能停止が極端に増えてしまいます。このように、**スケーラビリティ**は可用性を確保するために必要不可欠なので、本番対応の第3の要件になっています。

スケーラブルなマイクロサービスは、同時に大量のタスクやリクエストを処理できるマイクロサービスです。マイクロサービスをスケーラブルなものにするためには、(1) 質的な成長の判断基準（たとえば、ページビューでスケーリングするか、発注数でスケーリングするか）、(2) 量的な成長の判断基準（たとえば、毎秒何リクエストを処理できるか）の両方の知識が必要です。成長の判断基準がわかれば、将来必要とされる処理能力に合わせて計画を立てたり、リソースのボトルネックや要件を明らかにしたりすることができます。

マイクロサービスのトラフィック処理方法もスケーラブルでなければなりません。トラフィックのバーストを想定し、バーストをていねいに処理し、バーストによってサービス全体が停止しないようにしなければなりません。これは言うは易く行うは難しで、スケーラブルなトラフィック処理ができていなければ、マイクロサービスエコシステムは壊れてしまいます。

スケーラビリティは、マイクロサービスエコシステムの自分以外の部分からも影響を受けます。サービスのクライアントからの不可避的なトラフィックの増加に対処しなければなりません。さらに、トラフィックの増加が見込まれるときには、依存関係にアラートを与えるべきです。スケーラビリティを確保するためには、チームの境界を越えたコミュニケーション、協力が欠かせません。相互依存するサービスがトラフィックの増加や落とし穴になりそうなものに備えるためには、サービスのスケーラビリティの要件、状態、ボトルネックについて、クライアントや依存関係のチームとこまめにコミュニケーションする必要があります。

最後に、マイクロサービスがデータを格納し、処理する方法もスケーラブルでなければなりません。スケーラブルなストレージソリューションを作れば、マイクロサービスの可用性の保証に向かって大きく前進できます。そのようなストレージソリューションは、本番稼働に対応できているシステムのもっとも重要なコンポーネントの1つです。

> **スケーラビリティの要件**
>
> スケーラブルなマイクロサービスを構築するための要件は、次のようにまとめられます。
>
> - 明確に定義された質的、量的な成長の判断基準
> - リソースのボトルネックと要件の明確化
> - ていねいで正確なキャパシティプランニング
> - トラフィックのスケーラブルな処理
> - 依存関係のスケーリング
> - スケーラブルなデータストレージ
>
> スケーラビリティの要件の詳細は、「**4章　スケーラビリティとパフォーマンス**」で説明します。

2.3.4 耐障害性と大惨事対応

マイクロサービスは、もっとも単純なものであってもかなり複雑なシステムになります。我々がよく知っているように、複雑なシステムは障害を起こし、障害はたびたび起こります。障害のシナリオとして考えられるものは、いつか必ず発生します。マイクロサービスは孤立して動いているわけではなく、より複雑でとてつもなく複雑なマイクロサービスエコシステムの一部として、依存関係の連鎖の中で動作します。複雑度はエコシステム全体に含まれるマイクロサービスの数とともに線形に上がり、マイクロサービスの本番対応に新たな要件を加えます。エコシステムに含まれるすべてのマイクロサービスは、**耐障害性があり大惨事に対応できる**ように作られていなければなりません。

耐障害性があり大惨事に対応できるマイクロサービスとは、システム内外の障害に

耐えられるマイクロサービスです。内部障害とは、マイクロサービスが自ら招く障害のことです。たとえば、テストでバグを捕捉できなければ、問題を抱えたシステムがデプロイされ、エコシステム全体に影響を及ぼすような機能停止が起こります。データセンターの機能停止やエコシステム全体の構成管理のまずさといった外部で大惨事が発生すると、すべてのマイクロサービス、すべてのシステムの可用性に影響を及ぼすような機能停止が起こります。

障害シナリオや発生する可能性のある大惨事には、（徹底的でなくても）十分に準備をすることができます。耐障害性のある本番対応のマイクロサービスを構築するための第1の要件は、障害や大惨事のシナリオを明らかにすることです。シナリオが明らかになったら、それが起こったときのための戦略を練り、計画を立てるという難しい仕事が始まります。これは、マイクロサービスエコシステムのあらゆるレベルで行わなければならないことであり、緩和策を標準化し、予測可能なものにするために、共有すべき戦略は、組織全体に周知徹底しなければなりません。

障害の緩和、解決策を組織レベルで標準化するということは、個別のマイクロサービス、インフラストラクチャコンポーネント、またはエコシステム全体のインシデントや機能停止を簡単に理解でき、慎重に実行される手続きにまとめなければならないということです。インシデントが起こったときに実行される手続きは、協調的、計画的でコミュニケーションを徹底するようなものでなければなりません。インシデントや機能停止をこのように処理し、インシデント対応の構造が明確に定義されていれば、ダウンタイムがずるずると長引くことを防ぎ、マイクロサービスの可用性を守ることができます。すべての開発者が機能停止発生時に何をすべきか、早期に適切に問題を緩和、解決するために何をすべきか、自分の手に負えないときに問題をどのようにエスカレーションすべきかを正確に知っていれば、問題の緩和、解決にかかる時間は飛躍的に短縮されるでしょう。

障害や大惨事を予測可能にするということは、障害や大惨事にシナリオを明確にして対処方法を計画する段階よりも一歩先に進むことです。つまり、システム全体の可用性をテストするために、既知のあらゆる方法でマイクロサービス、インフラストラクチャ、エコシステムに強制的に障害を発生させるということです。これは、さまざまなタイプの回復性テストで実現できます。回復性テストの最初の手順は、コードのテスト（単体テスト、回帰テスト、統合テスト）です。次の手順はロードテストであり、マイクロサービスとインフラストラクチャコンポーネントがトラフィックの劇的な変化にどれだけ対応できるかを調べます。第3のもっとも強力でもっとも関連性の高い回復性テストはカオステストであり、（スケジューリングして、およびランダムに）本番サービスで障害シナリオを実行し、マイクロサービスやインフラストラクチャコンポーネントが本当に既知のすべての障害シナリオに対応できていることを確かめます。

耐障害性と大惨事対応の要件

耐障害性があり大惨事に対応できているマイクロサービスを構築するための要件は、次のようにまとめられます。

- 発生し得る大惨事や障害のシナリオを明らかにし、その対策を計画する。
- 単一障害点を明らかにして解決する。
- 障害の検出、修正戦略を用意する。
- コードテスト、ロードテスト、カオステストを通じて回復性をテストする。
- 障害に対する準備としてトラフィックをていねいに管理する。
- インシデントや機能停止を適切に、生産的に処理する。

耐障害性と大惨事対応の要件の詳細は、「**5章　耐障害性と大惨事対応**」で説明します。

2.3.5　パフォーマンス

マイクロサービスの文脈では、先ほど少し簡単に説明したスケーラビリティは、マイクロサービスが処理できるリクエスト数と関連しています。本番対応の次の原則である**パフォーマンス**は、マイクロサービスがどれくらい効率よくリクエストを処理するかです。パフォーマンスの高いマイクロサービスは、リクエストをすばやく処理し、タスクを効率よく処理して、リソース（ハードウェアなどのインフラストラクチャコンポーネント）を適切に使うマイクロサービスです。

たとえば、コストの高いネットワーク呼び出しを大量に行うマイクロサービスは、パフォーマンスが高いとは言えません。非同期で（ノンブロッキングで）タスクを処理すればパフォーマンスが上がりサービスの可用性が上がるのに、同期型でタスクを処理しているマイクロサービスも、パフォーマンスが高いとは言えません。こういったパフォーマンスの問題をはっきりさせ、それに基づいてアーキテクチャを考えることは、本番対応の要件の1つです。

同様に、リソース（CPUなど）を使わないマイクロサービスに大量のリソースを割り当てるのは、非効率です。非効率はパフォーマンスを下げます。マイクロサービスレベルではっきりしなくても、エコシステムレベルでは苦痛でコストがかかります。また、ハードウェアは高価であり、有効活用されていないハードウェアリソースは財務指標に影響を与えます。有効活用に達していないことと適切なキャパシティプランニングとの間にははっきりとした境界線があるので、マイクロサービスの可用性を損なわず、有効活用できていないことによるコストを合理的な水準以下に抑えるためには、この2つをともに計画し、理解する必要があります。

パフォーマンスの要件

パフォーマンスの高いマイクロサービスを構築するための要件は、次のようにまとめられます。

- 可用性の適切なSLA（サービスレベル契約）
- 適切なタスク処理
- リソースの効率的な利用

パフォーマンスの要件の詳細は、「**4章　スケーラビリティとパフォーマンス**」で説明します。

2.3.6 監視

マイクロサービスの可用性を保証するためには、マイクロサービスの適切な**監視**という原則も必要です。優れた監視は、可用性に影響を与える重要なすべての情報の適切なロギング、社内のすべての開発者が簡単に理解でき、サービスの健全性を正確に判断できるように作られたグラフィカル表示（ダッシュボード）、効果的でアクション可能な主要メトリックに基づくアラートという、3つの構成要素を持ちます。

ロギングは個々のマイクロサービスのコードベースから始まり、コードベースに含まれます。どの情報をログに残すべきかの判断はサービスごとに異なりますが、ロギングの目標はごく単純なものです。(過去の多数のデプロイに含まれていたものでも)バグが明らかになったときに、何に問題があり、どこで障害が発生したかがログからわかるようにしたいし、する必要があるということです。マイクロサービスエコシステムでは、マイクロサービスのバージョニングは避けるべきだとされているので、バグなどの問題点を探すためにどのバージョンを調べたらよいのかはわかりません。コードは頻繁に書き換えられ、デプロイは週に何度も行われ、機能は絶えず追加され、依存関係は絶えず変化していますが、ログは変わらないはずなので、問題点を突き止めるために必要な情報は残されています。問題の判定に必要な情報がログに含まれるようにすることだけを注意します。

主要メトリック(ハードウェア使用量、データベース接続、レスポンス数と平均レスポンス時間、APIエンドポイントの状態など)は、すべて簡単に見られるダッシュボードにリアルタイムでグラフィカル表示すべきです。ダッシュボードは、しっかりと監視された本番対応のマイクロサービスを作るための重要なコンポーネントです。ダッシュボードがあれば、マイクロサービスの健全性をひと目で判断でき、アラートを生成するほど極端ではない異常や奇妙なパターンを見つけられます。うまく作れば、開発者はダッシュボードを見ただけで、マイクロサービスが正しく動作しているかどうかを判断できます。ただし、インシデントや機能停止は、ダッシュボードを見なくてもわかるようにしなければならないし、安定した過去のビルドへのロールバックは完全に自動化されていなければなりません。

障害の実際の検出は、アラートによって行います。主要メトリックは、すべてアラートを生成できなければなりません。そのような主要メトリックには、最低限、CPUとRAMの使用量、ファイルディスクリプタ数、データベース接続数、サービスのSLA、リクエストとレスポンス、APIエンドポイントの状態、エラーと例外、サービスの依存関係の健全性、データベースについての情報、処理されているタスク数(当てはまる場合)などが含まれます。

これらの主要メトリックのそれぞれについて、正常、警告、危険の境界線を設定する必要があります。そして、正常から逸脱した場合(つまり、警告、危険の境界線を越えた場合)、サービスのオンコールの当番になっている開発者にアラートを送ります。

アラートはアクション可能で役に立つものでなければなりません。アクション可能でないアラートは無駄なアラートであり、エンジニアの時間を無駄にします。すべてのアクション可能なアラートは（つまり、**すべての**アラートということですが）、ランブックで対応しなければなりません。たとえば、特定の種類の例外が多数発生してアラートが生成された場合、オンコール開発者が問題解決のために参照できる問題緩和策が書かれた、ランブックが必要だということです。

監視の要件

適切に監視されたマイクロサービスを構築するための要件は、次のようにまとめられます。

- スタック全体にわたる適切なロギングとトレーシング
- サービスの健全性を正確に反映していてわかりやすいダッシュボード
- ランブックに対応方法が書かれた、効果的でアクション可能なアラート
- オンコールローテーションの継続的な実施

監視の要件の詳細は、「6章　監視」で説明します。

2.3.7 ドキュメント

マイクロサービスアーキテクチャでは、技術的負債が増える傾向があります。これは、マイクロサービスを導入するときの主要なトレードオフの1つです。原則として、開発者のベロシティが向上すると、技術的負債が増える傾向があります。サービスのイテレーション、変更、デプロイのスピードが上がれば上がるほど、必要な処理の省略や対症療法的な修正が頻繁に使われるようになります。マイクロサービスの**ドキュメント**と**理解**が組織的に明確化され構造化されれば、技術的負債をはねのけ、技術的負債を引き起こす混乱、意識の欠如、アーキテクチャの理解の欠如を取り除くことができます。

しかし、ドキュメントが本番対応の原則の1つになっている理由は、技術的負債の削減だけではありません。それでは一種の後知恵になってしまいます（重要な後知恵

ではありますが、後知恵であることに変わりありません)。ほかの本番対応の標準と同様に、ドキュメントとそれに伴う理解は、マイクロサービスの可用性に直接、測定可能な形で影響を与えます。

開発者のチームが共同作業を行って、マイクロサービスの知識と理解を共有していく過程を考えれば、なぜそうなのかはわかるでしょう。どれか1つの開発チームのメンバーをホワイトボードのある一室に集め、サービスのアーキテクチャと細部の重要な部分をスケッチしてくれと頼めば、それを実際に経験できます。結果に驚くことは間違いありません。グループの中でも、サービスについての知識や理解はまちまちで一致していないことがわかります。ある開発者は、グループ内のほかの誰もが知らないことを知っていますが、第2の開発者はマイクロサービスについてまったく異なる理解をしており、彼らが同じコードベースに貢献していることさえ疑いたくなるはずです。このような知識や理解の不一致は、コード変更をレビューしたり、テクノロジーを公開したり、機能を追加したりするときに、本番トラフィックの処理を安心して任せられなくなるような重大な欠陥を持ち込み、マイクロサービスは本番対応を失ってしまうでしょう。

このような混乱や問題は、厳格に標準化された要件に従って個々のマイクロサービスのドキュメントを整備すれば、比較的簡単に解決できます。ドキュメントには、アーキテクチャ図、オンボーディング/開発ガイド、リクエストフローとAPIエンドポイントの詳細情報、個々のアラートのオンコールランブックなどの、マイクロサービスに関して必要とされるすべての基本知識(事実)を含めなければなりません。

マイクロサービスの理解の共有は、複数の方法で達成できます。第1の方法は、ここで説明したばかりのことを実施することです。会議室に開発チームのメンバーを集め、ホワイトボードにサービスのアーキテクチャを描いてもらうということです。古くから未だに続いている開発者のベロシティの上昇のおかげで、マイクロサービスは、ライフサイクルのさまざまなタイミングで劇的に変化します。各チームのプロセスの一部にこのアーキテクチャレビューを組み込み、定期的に実施すれば、マイクロサービスについての知識と理解をチーム全体に浸透させることができます。

マイクロサービスの別の角度から理解するためには、抽象化のレベルを1つ上がり、本番対応の標準自体について考える必要があります。マイクロサービスが本番対応になっているかどうかを調べ、マイクロサービスが本番対応の標準と個別の要件の間のどこに依拠しているかを調べれば、マイクロサービスについて多くのことが理解できます。これにはさまざまな方法がありますが、たとえば、マイクロサービスが要件を満たしているかどうかについての監査プログラムを実行し、サービスを本番対応の状態にするためにどうすればよいかを詳細に示すロードマップを作ります。要件を満たしているかどうかのチェックを、全社で自動化することができます。この作業が持つ別の側面については、マイクロサービスアーキテクチャを採用した企業で本番対応の標準を実現することについて説明する次節で取り上げます。

ドキュメントの要件

しっかりとしたドキュメントを持つマイクロサービスを構築するための要件は、次のようにまとめられます。

- マイクロサービスについてのすべての重要情報を最新の完全な形で記録した一元管理されたドキュメント
- 開発者、チーム、エコシステムレベルでの組織的な理解

ドキュメントの要件の詳細は、「**7章　ドキュメントと組織的な理解**」で説明します。

2.4 本番対応の実装

これで、あらゆるマイクロサービスエコシステムのすべてのマイクロシステムに適用できる一連の標準が揃いました。これらの標準は、それぞれ固有の一連の要件を持っています。これらの要件を満たすマイクロサービスは、本番トラフィックの処理を任せられ、高い可用性を保証できるものとして信頼できます。

本番対応の標準は揃ったが、専門分化された現実のマイクロサービスエコシステムでどのようにすればこれらを実現できるかという問題が残っています。原則から実践に進み、現実のアプリケーションに理論を適用するということは、いつでもかなり難しい作業になります。しかし、本番対応の標準とその要件の強みは、適用性の高さと厳密な粒度にあります。これらの標準は、すべてのエコシステムに適用できる程度には一般的であると同時に、実装のための具体的な戦略が得られる程度には個別的なの

です。

標準化のためには、会社のあらゆるレベルからの支持が必要であり、トップダウンとボトムアップの両方で採用、推進しなければなりません。経営者、リーダー（管理、技術の両方）のレベルでは、これらの原則は、技術組織のアーキテクチャ要件として支持、推進しなければなりません。個別の開発チームの一般社員レベルでは、標準化を支持し、実際に実現していかなければなりません。大切なのは、標準化を開発やデプロイの関門、障害物ではなく、本番稼働に対応できる開発、デプロイの指導原則として考え、話題にすることです。

標準化には多くの開発者が抵抗するかもしれません。マイクロサービスアーキテクチャを採用するということは、つまるところ、開発者のベロシティ、自由度、生産性を引き上げるということではないのかと言われてしまうのです。この種の反論に答えるときには、マイクロサービスアーキテクチャの採用によって開発チームに自由とベロシティが与えられることを否定するのではなく、それを認めつつ、だからこそ本番対応の標準が必要だということを指摘しなければなりません。開発者のベロシティと生産性は、機能停止によってサービスが停止したり、まずいデプロイによってマイクロサービスのクライアントや依存関係の可用性が損なわれたり、適切な回復性テストをしていれば避けられたような障害によってマイクロサービスエコシステム全体が停止したりしたときには、無意味になります。過去50年のソフトウェア開発を学べば、自由をもたらしエントロピーを下げるのは標準化だということがわかるはずです。ソフトウェアエンジニアリングの実践についてのもっとも偉大なエッセイ集である『*The Mythical Man-Month*』[*1]でBrooksが述べているように、「形式が解放をもたらす」のです。

技術組織が本番対応の標準を取り入れ、それに従うことにした場合、次の手順は、個々の標準の要件を評価し、細かく検討することです。ここで示し、本書全体で詳しく説明していく要件は、ごく一般的なものであり、状況や技術組織固有の肉付け、実装のための戦略を追加しなければなりません。本番対応の個々の標準と要件をじっくり検討し、その技術組織でどのように要件を実装すればよいかを明らかにする作業が必要です。たとえば、技術組織のマイクロサービスエコシステムがセルフサービスデプロイツールを持っている場合、そのデプロイツールとその動作方法に基づいて安定

＊1　邦題『人月の神話（新装版）』丸善出版

性、信頼性を備えたデプロイプロセスを実現する方法を考えていかなければなりません。その過程で、内部ツールを作り直したり機能を追加したりといった方針が出てくる場合もあるでしょう。

実際に要件を組み込む作業と、特定のマイクロサービスが要件を満たしているかどうかの判定は、開発者自身、チームリーダー、管理職、運用（システム、DevOps、サイト信頼性）エンジニアのいずれかがすればよいのです。本番対応標準を採用したUberやその他の企業では、本番対応標準の実現、審査は、SRE（サイト信頼性エンジニア、サイトリライアビリティエンジニア）部門が主体となって進めています。一般に、SREはサービスの可用性を守ることを職務としており、マイクロサービスエコシステム全体で本番対応標準を推進していくことは、もともとの職責と非常にうまく適合しています。しかし、だからといって、開発者や開発チームが自分のサービスを本番対応にする仕事に無縁でいてよいわけではありません。SREがマイクロサービスエコシステム全体で本番対応を周知させ、推進し、義務付けていく一方で、個々のマイクロサービスに本番対応を実装する仕事は、開発チームに配置されたSREと開発者自身が行っていくことになります。

本番対応のマイクロサービスエコシステムを構築し、維持していくことは、簡単な課題ではありませんが、得られる成果は非常に大きく、個々のマイクロサービスの可用性が高くなるという形で効果がはっきりとわかります。マイクロサービスエコシステム全体で本番対応標準とその要件を実現すれば、測定可能な効果が得られ、開発チームは、依存関係が安定性、信頼性、耐障害性、パフォーマンス、監視、ドキュメント、大惨事対応を備えた信頼できるものだということを前提として仕事を進められるようになります。

3章
安定性と信頼性

本番対応のマイクロサービスは安定性と信頼性を備えています。個別のマイクロサービスもマイクロサービスエコシステム全体も絶えず変化、発展しており、マイクロサービスの安定性と信頼性を向上させる努力をすれば、エコシステム全体の健全性と可用性を高める上で大きな効果が得られます。この章では、開発プロセスの標準化、包括的なデプロイパイプラインの構築、依存システムの理解と依存システムの障害からの保護、安定性、信頼性を備えたルーティングと検出の構築、古くなり廃れたマイクロサービスとそのエンドポイントの非推奨、廃止の手続きの確立など、安定性、信頼性を備えたマイクロサービスを構築、運用するためのさまざまな方法を考えていきます。

3.1 安定性と信頼性を備えたマイクロサービスを構築するための原則

マイクロサービスアーキテクチャは、ペースの速い開発に適しています。マイクロサービスは開発者に自由を与えるため、エコシステムは継続的に変化していく状態、決して止まらずいつも進化していく状態になります。毎日新機能が追加され、日に何度も新しいビルドがデプロイされ、驚くようなペースで古いテクノロジーが新しいよりよいテクノロジーに置き換えられていきます。この自由と柔軟性によって、形のある本物のイノベーションが促進されますが、大きな代償もあります。

マイクロサービスエコシステムの部品の中に安定性、信頼性を失ったものが現れた途端、イノベーション、開発者のベロシティと生産性の向上、ペースの速い技術的発展、変化し続けるマイクロサービスエコシステムといったものは、すべて急停止します。ビジネスクリティカルなマイクロサービスの1つにバグ、その他の問題が紛れ込み、それをデプロイしてしまっただけで、会社自体が潰れてしまう場合さえあります。

安定性のあるマイクロサービスは、開発、デプロイ、新しいテクノロジーの導入、依存関係の非推奨、廃止によってマイクロサービスエコシステム全体が不安定化するようなことがないマイクロサービスです。このような安定性を確保するためには、この種の変更によるマイナスの影響からマイクロサービスを守る手段を用意する必要があります。**信頼性**のあるマイクロサービスは、ほかのマイクロサービスやマイクロサービスエコシステム全体が頼り、依存できるマイクロサービスです。安定性の要件には必ず信頼性の要件がついてまわるので（逆も当てはまります）、安定性と信頼性は密接につながっています。たとえば、安定したデプロイプロセスには、クライアントや依存関係から見て、新しいデプロイによってマイクロサービスの信頼性が損なわれてはならないという要件がついて回ります。

マイクロサービスの安定性、信頼性を保証するためにできることは、1つではありません。標準化された**開発サイクル**を確立すれば、開発実践のまずさからシステムを守ることができます。**デプロイ**プロセスは、コードに加えられた変更が複数のステージを通過しなければ、本番サービスに展開されないようにします。**依存関係**の障害には防御策があります。**ルーティング、検出**チャネルに健全性チェック、適切なルーティング、サーキットブレーカーを組み込めば、異常なトラフィックパターンに対処できます。そして、ほかのマイクロサービスが障害を起こさないようなマイクロサービス、エンドポイントの**非推奨、廃止**の方法があります。

本番対応サービスは、安定性、信頼性を備えている

- 標準化された開発サイクルがある。
- コードは、lintテスト、単体テスト、統合テスト、エンドツーエンドテストを通じて徹底的にテストされている。
- テスト、パッケージング、ビルド、リリースプロセスが、完全に自動化されている。
- ステージング、カナリア、本番のフェーズを備えた標準的なデプロイパイプラインがある。
- クライアントがわかっている。

- 依存関係がわかっており、障害が起こったときのために、バックアップ、代替サービス、フォールバック、キャッシュが用意されている。
- 安定性、信頼性のあるルーティング、検出が備わっている。

3.2 開発サイクル

マイクロサービスの安定性、信頼性の第一歩は、サービスにコードを追加していく個々の開発者から始まります。機能停止やマイクロサービスの障害の大多数は、開発時にコードに入り込み、デプロイの過程で捕捉されなかったバグが原因になっています。こういった機能停止、障害の影響を緩和し、解決するためには、通常、最新の安定ビルドにロールバックし、バグが入っているコミットを取り消し、新しい（バグのない）バージョンのコードを再デプロイするしかありません。

安定性、信頼性のない開発の本当のコスト

マイクロサービスエコシステムは、開拓時代のアメリカ西部ではありません。機能停止、インシデント、バグが発生するたびに、企業は売上の減少とエンジニアリングのために必要な時間とで、（数百万ドルとまではいかなくても）数千、数万ドルの損失を被ります。本番システムに入り込む前にバグを捕捉するために、開発サイクルに（そして、あとで説明するように、デプロイパイプラインにも）セーフガードを組み込む必要があります。

安定性、信頼性を保証するための開発サイクルには、複数の手順が含まれます（**図3-1**）。

まず第1に、開発者がコードに変更を加えます。通常は、（通常、gitやsvnを使った）中央の一元管理リポジトリからコードのコピーをチェックアウトし、コード変更のための新しいブランチを作り、ブランチに変更を加え、単体テスト、統合テストを実行します。開発のこのステージは、さまざまな場所で行われます。開発者のノートPCでローカルに行われたり、開発環境のサーバで行われたりします。特に対象のサービスをテストするために、ほかのマイクロサービスにリクエストを送ったり、データベースを読み書きしたりしなければならない場合には、信頼できる開発環境（本番環境を正確に反映したもの）が重要な意味を持ちます。

コードが中央リポジトリにコミットされると、第2の手順が始まります。チームのほかのエンジニアが変更を徹底的にていねいにレビューし、すべてのレビューアが変更を承認し、新しいビルドがすべてのlintテスト、単体テスト、統合テストに合格したら、リポジトリに変更をマージできます（lintテスト、単体テスト、統合テストの詳細については、「**5章 耐障害性と大惨事対応**」を参照）。ここまでの関門を通過した変更だけがデプロイパイプラインに導入されます。

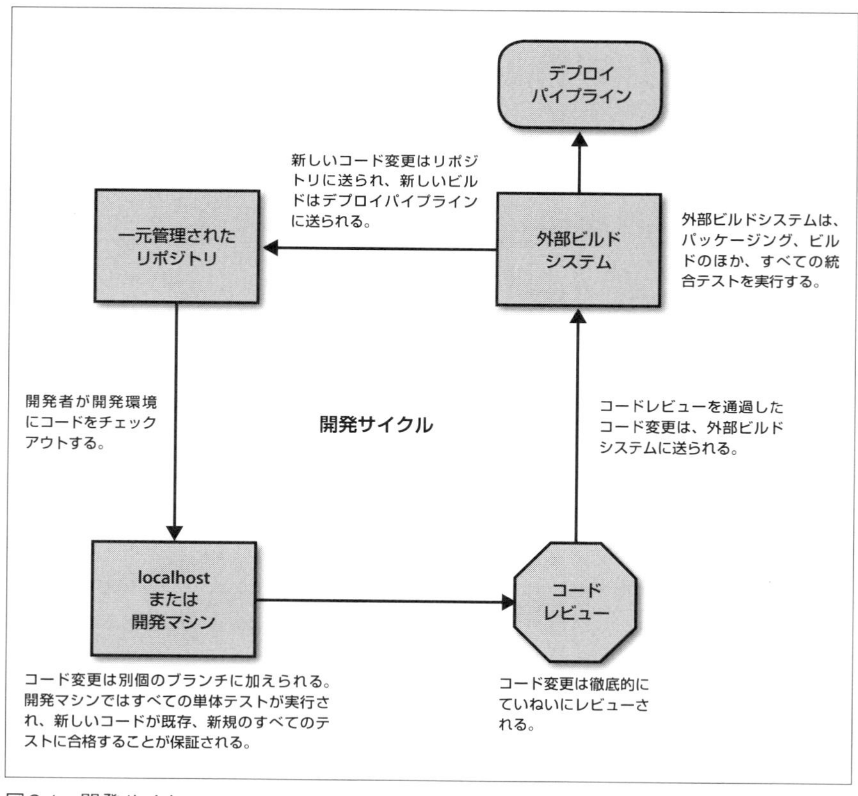

図3-1 開発サイクル

コードレビューの前にテスト

本番システムに入り込む前にすべてのバグを捕捉するためには、レビューフェーズの**前に**、すべてのlintテスト、単体テスト、統合テストを実行します。開発者が独立したブランチで作業を行い、コードレビューにコード変更を送信したらすぐにそのブランチですべてのテストを実行し、すべてのテストに合格した**あとで**初めてコードレビュー（またはビルド）を認めるようにすれば、実現できます。

「**1.3.4　レイヤ4：マイクロサービス**」で説明したように、開発サイクルとデプロイパイプラインの間では非常に多くのことが行われます。新リリースは、パッケージング、ビルド、徹底的なテストを経なければ、デプロイパイプラインの第1ステージに到達できません。

3.3 デプロイパイプライン

マイクロサービスエコシステム、特にデプロイに関わる部分には、ヒューマンエラーが入り込む余地が無数にあり、大規模な本番システムの機能停止の大多数は（すでに述べたように）問題のあるデプロイのために起こっています。マイクロサービスエコシステムの導入に伴う組織的なスプロールとそれがデプロイプロセスに与える影響について考えてみましょう。自分のスケジュールでマイクロサービスに対する変更をデプロイし、クライアントと依存関係のチーム間の調整さえ行わないことが多い、（数百、数千とまではいかなくても）数十もの独立し、孤立したチームがあります。本番システムにバグが入ったり、デプロイ中にサービスが一時的に使えなくなるといった問題が起こると、エコシステム全体にマイナスの影響が及びます。問題が起こる頻度を下げ、本番サーバに展開される前に問題を捕捉するためには、技術組織全体を対象として標準化された**デプロイパイプライン**を導入して、エコシステム全体の安定性、信頼性を高めるとよいでしょう。

ここでデプロイプロセスを「パイプライン」と呼んでいるのは、ほとんどの信頼に値するデプロイが、一連のテストに合格しなければコード変更を本番サーバに展開しないようにできているからです。このパイプラインには、3つの独立したフェーズが含まれます。まず、**ステージング環境**で新リリースをテストします。ステージング環境で合格したら、本番トラフィックの5%から10%しか送られてこない小規模な**カナリア**環境にデプロイします。そして、カナリアフェーズで合格したら、すべてのホストにデプロイされるまでゆっくりと**本番**サーバへの展開を行います。

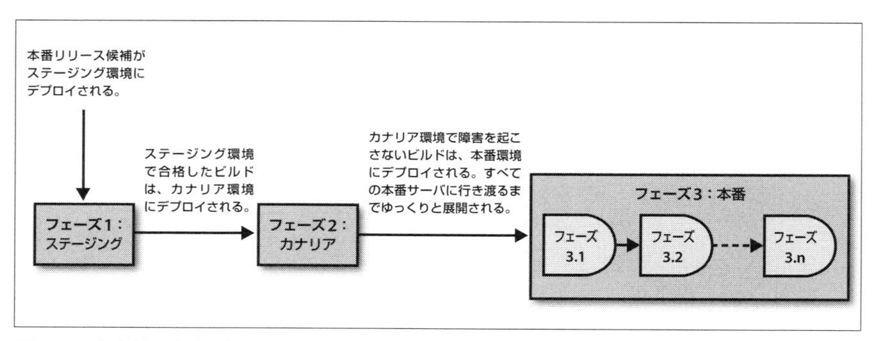

図3-2　安定性、信頼性のあるデプロイパイプラインのステージ

3.3.1　ステージング

すべての新リリースは、まず**ステージング**環境にデプロイされます。ステージング環境は、本番環境の正確なコピーでなければなりません。ステージング環境は現実世界を反映したものですが、実際のトラフィックを処理するわけではありません。2つの別々のエコシステムになるようなものを実行するのでは、ハードウェアのコストがかなり高くなるので、通常、ステージング環境は本番環境と同じような規模にはしません（つまり、本番環境と同数のホストで実行したりはしません。スケールまで本番環境と同じにすることは**ホストパリティ**と呼ばれます）。しかし、安定性、信頼性のある形で本番環境を正確にコピーするための唯一の方法は、ホストパリティのあるまったく同一のステージング環境を作ることだと考える技術組織もあります。

ほとんどの技術組織では、本番環境の数%という形でステージング環境のハードウェアキャパシティとスケールを決めれば十分に正確な結果が得られます。必要とされるステージングキャパシティは、ステージングフェーズでマイクロサービスをテストするために使う方法によって決まります。ステージング環境でのテストには、複数の選択肢があります。モック（つまり記録された）トラフィックをマイクロサービスに与える方法、手動でエンドポイントにアクセスし、レスポンスを調べる方法、自動的に単体テスト、統合テスト、その他の専門的なテストを実行する方法、これらの組み合わせなどです。

ステージングと本番を同じサービスの別々のデプロイとして扱う

ステージングと本番を別々のサービスとして実行し、別々のリポジトリに格納したいと思うかもしれません。このような方法でも成功させることは**できます**が、そのためには、(とかく忘れられがちな)構成の変更も含めて、すべての変更を両サービスとリポジトリで同期させなければなりません。そんなことをするくらいなら、ステージングと本番を同じマイクロサービスの別々の「デプロイ」、または「フェーズ」として扱った方が、はるかに簡単です。

ステージング環境はテスト環境**である**ものの、ステージング環境にデプロイされるリリースは、**本番候補**のリリースだという点で、開発フェーズや開発環境とは異なります。lintテスト、単体テスト、統合テストに合格し、コードレビューを通過しなければ、本番候補はステージング環境にデプロイされません。

開発者は、ステージング環境へのデプロイを、本番環境へのデプロイと同じくらいの注意を払って真剣に扱う必要があります。ステージング環境へのデプロイに成功したリリースは、自動的にカナリア環境にもデプロイされ、本番トラフィックを実行する**ことになります**。

マイクロサービスエコシステムでは、依存関係のためにもたらされる複雑さのために、ステージング環境の設定は難しくなる場合があります。あなたのマイクロサービスがほかの9個のマイクロサービスに依存している場合、それらのマイクロサービスにリクエストを送ったときに、正確なレスポンスが返され、関連するデータベースの読み書きが行われなければ、あなたのマイクロサービスは正しく動作しません。このような複雑さがあるため、ステージング環境が機能するかどうかは、ステージングが全社でどのように標準化されているかによって決まります。

3.3.1.1 完全ステージング

デプロイパイプラインのステージングフェーズには、複数の構成方法があります。最初に紹介するのは、本番エコシステムの完全なミラーコピーになっている(ただし、必ずしもホストパリティである必要はない)別個のステージングエコシステムを実行する、**完全ステージング**(**図3-3**)です。完全ステージングは、本番と同じコアインフラストラクチャの上で実行されますが、いくつかの重要な違いがあります。サービスのステージング環境は、少なくとも、ステージング専用のフロントエンド、バックエンドポートを使ってほかのサービスにアクセスできるようになっていなければなりません。重要なのは、完全ステージングエコシステムのステージング環境は、**ほかのサービスのステージング環境とだけ**通信し、本番実行されているサービスとの間でリクエスト、レスポンスを送受信することは決してないことです（つまり、ステージング環境から本番ポートにトラフィックを送ることは禁止されています）。

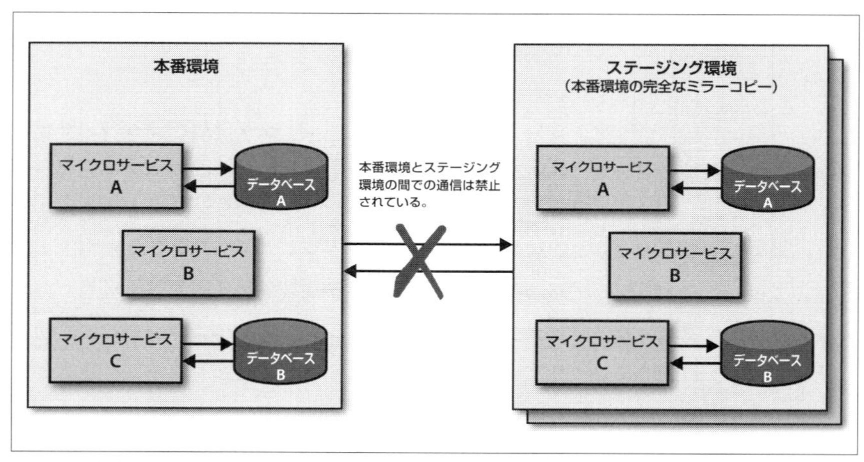

図3-3　完全ステージング

完全ステージングを実現するためには、マイクロサービスの新リリースがデプロイされたときに、ほかのマイクロサービスが通信できる完全なステージング環境をすべてのマイクロサービスが持たなければなりません。ステージングエコシステムでのほかのマイクロサービスとの通信は、ステージング環境に新しいビルドがデプロイされたときに実行される専用のテストを書くか、すでに触れたように、デプロイされたサービスと上流、下流のすべての依存関係に古い記録済みの本番トラフィック、つまりモックトラフィックを流せば実現できます。

完全ステージングでは、テストデータの扱いにも注意が必要です。ステージング環境は、**決して**本番データベースへの書き込みアクセスを行ってはなりません。同様に、読み取りアクセスも認めない方がよいでしょう。完全ステージングは、本番環境の完全なミラーコピーになるように設計されているので、すべてのマイクロサービスステージング環境は、読み書きできる本番とは別のテストデータベースを持つべきです。

完全ステージングの危険性

完全ステージング環境を実装、デプロイするときには注意が必要です。サービスの新リリースは、ほとんど必ず上流、下流のほかのサービスの新リリース通信するので、現実世界を正確に反映したものではなくなる場合があります。ある1つのサービスのデプロイが、ほかのすべての関連サービスのステージング環境を壊すことを避けるために、デプロイを調整、スケジューリングするチームが必要になる場合があります。

3.3.1.2 部分ステージング

第2の種類のステージング環境は、**部分ステージング**と呼ばれます。名前からもわかるように、これは本番環境の完全なミラーコピーではありません。個々のマイクロサービスは、(最低限でも) ステージング固有のフロントエンド、バックエンドポートを持つサーバプールという形の専用ステージング環境を持ち、ステージングフェーズに入った新ビルドは、本番環境で実行されている上流のクライアント、下流の依存関係と通信します (図3-4)。

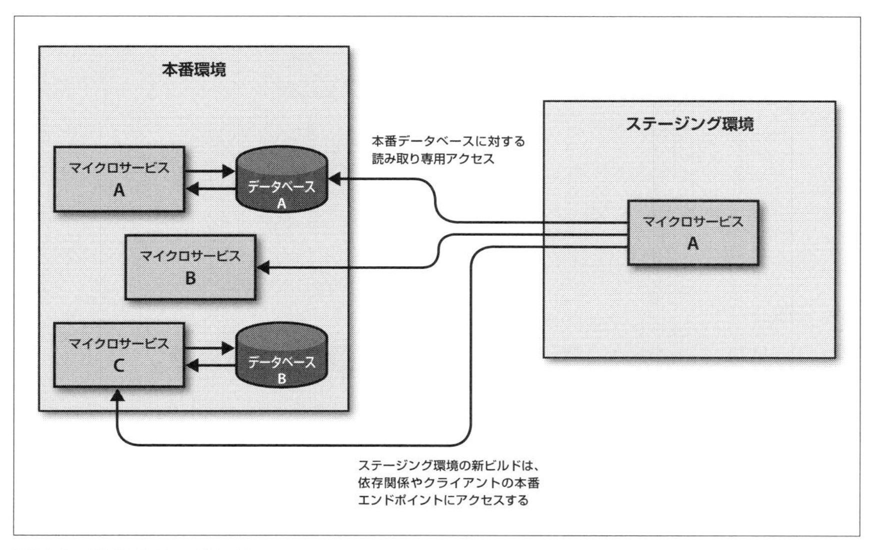

図3-4 部分ステージング

部分ステージングのデプロイは、マイクロサービスのすべてのクライアント、依存関係の本番エンドポイントにアクセスし、できる限り正確に実際の世界の状態を真似ます。そのために、専用のステージングテストを書く必要があります。すべての新機能には、徹底的なテストのために、少なくとも1つのステージングテストを用意しなければなりません。

部分ステージングの危険性

部分ステージング環境のマイクロサービスは本番環境のマイクロサービスと通信するので、特別な注意を払わなければなりません。部分ステージングは読み取り専用リクエストだけに制限されていますが、問題のあるリクエストを送ってくるまずいステージングデプロイを作ったり、リクエストを送りすぎて本番サービスに過剰な負荷がかかったりすると、本番サービスは簡単に停止してしまいます。

この種のステージング環境からのデータベースアクセスは、読み取り専用に制限しなければなりません。ステージング環境が本番データベースに書き込むようなことがあってはなりません。しかし、マイクロサービスの中には、データベースへの書き込みを主な仕事とするものがあり、そのようなサービスでは、新ビルドの書き込み機能のテストが必要不可欠になるでしょう。そのためにもっとも一般的に行われているのは、ステージング環境が書いたデータに**テストデータ**のマークを付けること（**テストテナンシー**と呼ばれています）ですが、ステージング環境に書き込みアクセスを与えれば、実際のデータを書き換えてしまう危険性が残るので、もっとも安全な方法は、別個のテストデータベースに書き込みを行うことです。**表3-1**は、完全ステージングと部分ステージングを比較したものです。

表3-1　完全ステージングと部分ステージングの比較

	完全ステージング	部分ステージング
本番環境の完全なコピー	○	×
ステージング専用のフロントエンド、バックエンドポート	○	○
本番サービスへのアクセス	×	○
本番データベースへの読み取りアクセス	×	○
本番データベースへの書き込みアクセス	×	○
自動ロールバックの必要性	×	○

フル、部分の違いにかかわらず、ステージング環境は、本番環境とまったく同じように、ダッシュボード、監視、ロギング機能を持ち、これらはすべてマイクロサービスの本番環境のダッシュボード、監視、ロギングと同じように設定しなければなりません（**「6章 監視」**を参照）。主要なメトリックのグラフは、本番環境のダッシュボードと同じにしても構いませんが、ステージング、カナリア、本番環境で別々のダッシュボードを用意しても構いません。ダッシュボードの構成によっては、すべてのデプロイのすべてのグラフを同じダッシュボードに配置し、デプロイごと（またはメトリックごと）に並べるのがよい場合もあります。どのようなダッシュボードを作る場合でも、役に立つよい本番対応ダッシュボードの目標を忘れてはなりません。本番対応のあるマイクロサービスのダッシュボードは、外部の人でもサービスの健全性や状態をすぐに読み取れるものでなければならないということです。

ステージング環境の監視とロギングは、ステージング環境にデプロイされた新リリースのテストの失敗やエラーをすべて捕捉して、デプロイパイプラインの次のフェーズに持ち込まないようにするために、本番デプロイの監視、ロギングと同じにしなければなりません。アラートやログは、デプロイの種類ごとに区別、分離されるように設定し、アラート生成時にどの環境が問題を起こしているのかをはっきり示せるようにすると、バグや失敗のデバッグ、緩和、解決がしやすくなります。

ステージング環境の目標は、本番トラフィックに影響を与える前に、コード変更によって入ったバグを捕捉することです。コードによってバグが入った場合には、（ステージング環境が正しく設定されていれば）通常ステージング環境で捕捉されます。（完全ステージング環境ではそうではありませんが）部分ステージング環境では、問題のあるデプロイの自動ロールバックは必要不可欠です。マイクロサービスの主要メトリックにしきい値を設け、前のビルドに戻すべきなのはどういうときかを判断できるようにしなければなりません。

部分ステージングは、本番環境で実行されているマイクロサービスとやり取りしなければならないので、部分ステージング環境にデプロイされた新リリースのバグのために、本番環境で実行されているほかのマイクロサービスが停止する場合があります。自動ロールバックを用意していなければ、これらの問題の緩和、解決を手作業で行わなければならなくなってしまいます。デプロイプロセスに手動で介入しなければならない手順を導入すると、そこはマイクロサービス自体だけでなく、マイクロサービスエコシステム全体にとっての障害点になります。

マイクロサービスチームがステージング環境を設定するときに最後に答えなければならない質問は、新リリースをステージング環境でどれだけの期間実行すれば、カナリア環境（そして、そのあとの本番環境）にデプロイしてよいのかです。この質問に対する答えは、ステージング環境で実行されるステージング固有テストによって決めるというものです。失敗せずにすべてのテストに合格すれば、新ビルドをデプロイの次の手順に移行できます。

3.3.2 カナリア

新リリースのステージング環境へのデプロイが成功し、必要なテストにすべて合格したら、そのビルドは、デプロイパイプラインの次のステージである**カナリア**環境にデプロイできます。この環境の変わった名前は、炭鉱労働者たちが使っていた安全策に由来します。彼らは、空気の一酸化炭素濃度を監視するために、カナリアを連れて炭鉱に入っていました。そのカナリアが死んだら、有毒ガスの濃度が高くなっていると判断して炭鉱から逃げるのです。カナリア環境に新ビルドを送るのも、同じ目的からです。本番トラフィックを実行する小さなサーバプール（本番の処理能力の5%から10%）に新ビルドをデプロイし、それが生き残ったら、その他の本番サーバにもその新ビルドをデプロイします。

カナリア環境へのトラフィックの分散

本番サービスが複数の異なるデータセンター、リージョン、クラウドプロバイダにデプロイされる場合、本番環境を正確にサンプリングするために、カナリアプールはそれらすべての位置に属するサーバを含んでいなければなりません。

カナリア環境は本番トラフィックを処理するので、本番環境の一部と考える必要があります。フロントエンド、バックエンドポートは本番環境と同じでなければなりません。また、本番トラフィックを正確にサンプリングするために、カナリアホストは、本番サーバプールからランダムに選ぶ必要があります。カナリアは、本番サービスに完全にアクセスできます（そして、できなければなりません）。上流、下流のサービスの本番エンドポイントにアクセスし、（当てはまる場合は）データベースに対して読み書き両方のアクセスができなければなりません。

ダッシュボード、監視、ロギングは、ステージングのときと同様に、カナリアでも本番と同じでなければなりません。開発者が問題をデバッグ、緩和、解決しやすくなるように、アラートとログは、カナリア環境からのものを本番環境からのものと区別し、そのようにラベルを付けるようにします。

カナリアと本番でポートを変えてはならない

カナリアと本番とでフロントエンド、バックエンドポートを分け、トラフィックを意図的に分離するとよさそうに感じるかもしれませんが、このようにしてトラフィックを分離すると、新リリースをテストするために、本番トラフィックをランダムに抽出して小さなサーバプールで実行するというカナリアデプロイの意味がなくなってしまいます。

カナリア環境には、自動ロールバックが必要不可欠です。既知のエラーが発生した場合、デプロイシステムは、安定していたことがわかっている最後のバージョンに自動的に戻す必要があります。カナリア環境は本番トラフィックを処理しており、問題が起きれば現実のシステムに影響が及ぶことを忘れてはなりません。

新リリースをどのくらいの間カナリアプールに留めておけば、開発者は本番対応になったと考えてよいのでしょうか。答えはマイクロサービスのトラフィックパターンによって変わり、数分、数時間から数日まで、さまざまです。マイクロサービスやビジネスがかなり特殊なものであっても、すべてのマイクロサービスのトラフィックは、何らかのパターンを持つことになります。新リリースは、トラフィックサイクルが完全に終了するまで、カナリアステージから離れてはなりません。「トラフィックサイクル」の定義方法については、技術組織全体で標準化しなければなりませんが、トラフィックサイクルの長さや要件は、サービスごとに決める必要があります。

3.3.3 本番

本番フェーズは、現実世界です。ビルドが開発サイクルを通過し、ステージングフェーズで生き残り、カナリアフェーズという炭鉱でも死ななければ、本番デプロイに展開できます。デプロイパイプラインの最後の手順であるこの段階に達したら、開発チームは新ビルドに完全な自信を持っているはずです。コードに含まれているエラーは、ここに到達するまでにすべて見つかり、緩和、解決されているはずです。

本番環境に送られるビルドは、すべて完全な安定性、信頼性を持っているはずです。本番環境にデプロイされるビルドは、すでに徹底的にテストされているはずであり、ステージング、カナリアフェーズで問題を起こさなくなるまでビルドを本番デプロイすることが**あってはなりません**。本番デプロイは、ビルドがカナリアステージを通過したら一気呵成に進めてもよいし、段階を追って少しずつ展開しても構いません。この場合、ハードウェアの割合に従って展開しても（たとえば、最初は全サーバの25%、次は50%、その次は75%にデプロイし、最後に100%に達するなど）、データセンター、リージョン、国ごとに展開しても、これらの方法を組み合わせても構いません。

3.3.4 安定性と信頼性のあるデプロイの保証

新しい本番候補のサービスは、本番環境にデプロイされるまでの間に、ステージング環境を通過し、カナリアフェーズでのデプロイにも成功しており、コードに含まれるほとんどのバグは捕捉されているので、大きな機能停止が起こる確率は非常に低くなっています。安定性、信頼性を備えたマイクロサービスを構築するために、包括的なデプロイパイプラインを用意することがきわめて重要だという理由は、ここにあります。

書いた数分後にはコード変更や新機能を本番環境にデプロイできるはずなのに、デプロイパイプラインのおかげでデプロイが遅れるので、その遅れを不要な負担のように思う開発者がいます。実際には、デプロイパイプラインの各フェーズによる遅れは非常に短いものであり、カスタマイズするのも簡単です。しかし、信頼性の保証のためには、標準的なデプロイプロセスを忠実に守る必要があります。日に何度も同じマイクロサービスをデプロイすると、そのマイクロサービスと複雑な依存、被依存の連鎖を持つほかのサービスの安定性、信頼性を損なう場合があります（実際に損なうことになります）。数時間ごとに変わるマイクロサービスが安定性、信頼性を備えていることはまずありません。

たとえば、本番実行されているマイクロサービスに重大なバグが見つかったときには、ステージング、カナリアフェーズを省略して、すぐに修正を本番環境にデプロイしたくなることがあるかもしれません。そうすれば問題は早く解決し、売上減少を防げる**可能性**があるかもしれないし、依存関係が機能停止に見舞われることはなくなるかもしれませんが、開発者に途中を省略した本番デプロイを認めるのは、特に重大な機能停止が起こったときだけに制限すべきです。このような制限を設けておかなければ、必ずプロセスを悪用して本番環境への直接デプロイが横行する余地が生まれます。ほとんどの開発者からすれば、すべてのコード変更、すべてのデプロイは重要であり、ステージング、カナリアフェーズを省略してもよいほど重要に感じられます。すると、マイクロサービスエコシステム全体の安定性、信頼性が損なわれてしまいます。本番環境で障害が起こったときには、本番環境へのデプロイを急ぐのではなく、最後の安定ビルドに戻るようにすべきです。そうすれば、マイクロサービスは既知の(そして信頼性のある)状態に戻り、チームが発生した障害の根本原因を探している間、本番環境で問題なく実行できるようになります。

ホットフィックスはアンチパターン

デプロイパイプラインが完成したら、よほどの緊急時でもない限り、本番環境への直接デプロイは避けなければならないし、緊急時でも本当はそんなことはすべきでありません。緊急のコード修正だからといってデプロイパイプラインの前のフェーズを省略すると、十分なテストを受けていない危険性を抱えることになり、本番環境に新たなバグを持ち込むことが多くあります。ホット修正を本番環境に直接デプロイするくらいなら、可能な限り、最後の安定ビルドにロールバックすべきです。

デプロイの安全性、信頼性を確保するための方法は、デプロイパイプラインだけではありません。ほかにも、特定のマイクロサービスのデプロイを止めると、エコシステム全体の可用性が上がる場合があります。

サービスがSLA(**「2章　本番対応」**を参照)を満たしていない場合には、サービスが守らなければならない水準にダウンタイムの割合が下がるまで、すべてのデプロイを延期するとよいでしょう。たとえば、サービスのSLAが(ダウンタイムを毎月4.38分以下にしなければならない)99.99%の可用性を約束しているのに、ある月に12分停止していた場合には、SLAを守るために、それから3か月間はマイクロサービスの新規デプロイを禁止するのです。サービスがロードテスト(**「5章　耐障害性と大惨事対応」**を参照)に失敗した場合は、サービスが必要とされるロードテストにすべて合格するようになるまで、本番環境へのデプロイを凍結します。機能停止を起こせば会社を適切に稼働させられなくなるようなビジネスクリティカルなサービスの場合、技術組織が確立した本番対応の基準を満たさないときには、デプロイをブロックしなければならない場合があるでしょう。

3.4 依存関係

マイクロサービスなら、大きなシステムの独立した交換可能なコンポーネントとして、チームの中に閉じこもって構築、実行できるということが、マイクロサービスアーキテクチャの採用に踏み切る大きな要因になっている場合があります。これは原則としては正しいのですが、現実世界のマイクロサービスは、すべて上流と下流に**依存関係**を抱えています。すべてのマイクロサービスは、**クライアント**(ほかのマイクロサービス)からのリクエストを受け付けます。クライアントは、このマイクロサービスが期待通りの動作をするとともに、SLAを守ることを当てにしています。同様に、すべてのマイクロサービスは、仕事をしてくれることを当てにしている下流の依存関係(ほかのサービス)を抱えています。

本番対応のマイクロサービスを構築、実行するためには、開発者は、依存関係が障害を起こしたときの計画を立て、障害の影響を緩和し、障害から自らを守る必要があります。サービスの依存関係を理解し、障害に対処するための計画を立てることは、安定性、信頼性を備えたマイクロサービスを構築するためのもっとも重要な仕事の1つです。

これがいかに重要かを理解するために、SLAがフォーナインの(上流のクライアントに対して99.99%の可用性を約束する)receipt-senderというマイクロサービスの例について考えてみましょう。receipt-senderは、customers(顧客情報を一手に処理するマイクロサービス)やorders(顧客の発注情報を処理するマイクロサービス)などのほかのマイクロサービスに依存しています。そして、customersとordersも依存関係を抱えており、customersはcustomers-dependency、ordersはorders-dependencyに依存しているものとします。そして、customers-dependencyとorders-dependencyがそれぞれ自分の依存関係を持っている可能性は、非常に高いのです。そのため、receipt-senderの依存グラフは、あっという間に非常に複雑になってしまいます。

receipt-senderは、自分のSLAを守ってすべてのクライアントに99.99%のアップタイムを保証したいので、担当チームは下流の依存関係がSLAに厳格に従っていることを確かめる必要があります。receipt-senderのSLAは、customersの可用性が99.99%になっていて初めて満たせるのに、customersの実際の可用性がわずか89.99%なら、receipt-senderの可用性はわずか89.98%になってしまいます。receipt-senderの個々の依存関係は、依存関係の連鎖に含まれるサービスの中のどれかがSLAを守っていなければ、同じように自分の可用性を引き下げることになります。

安定性、信頼性を備えたマイクロサービスを作るためには、この種の依存関係の障害の影響を緩和する必要があります（SLAを満たしていないのも障害です）。バックアップ、フォールバック、キャッシュなど、依存関係が障害を起こしたときに代わりに使えるものを用意すればよいのです。

依存関係が障害を起こしたときの計画を立てたり、障害の影響を緩和したりするためには、その前に依存関係のことを知り、記録し、追跡調査する必要があります。マイクロサービスのSLAを損なう可能性のある依存関係は、マイクロサービスアーキテクチャ図とドキュメントに含め（**「7章　ドキュメントと組織的な理解」**を参照）、サービスのダッシュボードに含めて（**「6章　監視」**を参照）おかなければなりません。また、依存関係ごとに自動的に依存グラフを作り（社内のすべてのマイクロサービスを貫く分散追跡システムを実装すれば実現できます）、すべての依存関係を追跡する必要があります。

すべての依存関係を把握し、追跡調査できるようになったら、次は個々の依存関係について、バックアップ、代替サービス、フォールバック、キャッシュのどれかを設定します。そのための正しい方法は、サービスのニーズによって決まります。たとえば、ある依存関係の機能がほかのサービスのエンドポイントを呼び出すだけで満たせる場合には、メインの依存関係が障害を起こしたときに、第2のサービスにリクエストを送るようにすれば、それが障害の対処になります。依存関係の障害の対処には、サービス内に依存関係のキャッシュを組み込むという方法もあります。依存関係関連のデータをキャッシュしておけば、障害にグレースフルに対処することができます。

こういったユースケースでもっともよく使われるキャッシュのタイプは、LRU（Least Recently Used）です。データはキューで管理され、キューがいっぱいになると、使われていないデータは削除されます。LRUキャッシュは簡単に実装でき（1行のコードで書けることが多くあります）、効率がよく（コストのかかるネットワーク呼び出しが不要です）、パフォーマンスが高く（すぐにデータを入手できます）、依存関係が障害を起こしたときの影響をまずまずの水準で緩和できます。これは**防御的キャッシュ**（defensive caching）と呼ばれ、マイクロサービスを依存関係の障害から守ります。マイクロサービスが依存関係から得た情報をキャッシュし、依存関係が障害を起こしてもマイクロサービスの可用性は影響を受けません。すべての依存関係のためにいちいち防御的キャッシュを実装する必要はありませんが、一部の依存関係に信頼性がないときに防御キャッシュを用意しておけば、マイクロサービスが大きな影響を受けることを避けられます。

3.5　ルーティングと検出

安定性、信頼性を備えたマイクロサービスを作ることには、マイクロサービス間の通信、やり取り自体が安定性、信頼性を備えたものにすることも含まれます。これは、マイクロサービスエコシステムのレイヤ2（通信レイヤ、「**1章　マイクロサービス**」を参照）が、有害なトラフィックパターンから自身を守り、エコシステム全体からの信頼を維持しなければならないということです。通信レイヤで安定性、信頼性と関係する部分は、（ネットワーク自体を別にすれば）サービス検出、サービスレジストリ、負荷分散です。

ホストレベルでもサービス全体のレベルでも、マイクロサービスの**健全性**を、いつもわかっていなければなりません。つまり、**健全性チェック**を絶えず行い、リクエストが不健全なホスト、サービスに送られないようにする必要があります。健全性チェックがネットワークの混雑などによって損なわれないようにするためのもっとも簡単な方法は、別個のチャネル（一般的なマイクロサービスの通信に使われないチャネル）を使って健全性チェックを実行することです。また、ほとんどのマイクロサービスでは、`/health`エンドポイントがハードコードされた「200 OK」のレスポンスを返すことを確認すれば健全性チェックとして十分ですが、全部のマイクロサービスでそうするわけにはいきません。ハードコードされたレスポンスは、ホスト上でほぼ成功した形でマイクロサービスが起動されたこと以外、大したことを教えてくれないのです。マイクロサービスの`/health`エンドポイントは、正確で役に立つレスポンスを返さなければなりません。

ホスト上のサービスのインスタンスが不健全な状態なら、ロードバランサはそのサービスにトラフィックをルーティングしてはなりません。マイクロサービス全体が不健全な状態なら（本番対応されているホストの一定割合以上で健全性チェックが失敗している場合）、健全性チェックが失敗する原因となっている問題が解決されるまでは、そのマイクロサービスにトラフィックをルーティングしてはなりません。

しかし、健全性チェックだけでサービスが健全かどうかを判断してはなりません。未処理例外が大量に発生したときも、サービスには不健全のマークを付ける必要があります。そこで、この種の障害に対応するために**サーキットブレーカー**を配置し、サービスが異常な量のエラーを起こしたときには、問題が解決するまでサービスにリクエストが送られないようにすべきです。安定性、信頼性を備えたルーティングと検出の鍵を握っているのはこれです。悪いサービスが本番トラフィックを処理したり、ほかのマイクロサービスからのリクエストを受け付けないようにして、マイクロサービスエコシステムを守ることが大切です。

3.6　非推奨と廃止

マイクロサービスエコシステムで安定性、信頼性が失われる原因の中でも、とかく忘れられがちで無視されがちなのが、マイクロサービスやそのAPIエンドポイントの**非推奨、廃止**です。マイクロサービスが使われなくなったり、開発チームのサポートを受けなくなったりしたときには、クライアントが問題を起こさないように、その廃止を注意して進めなければなりません。1つのマイクロサービスの1つ以上のAPIエンドポイントを非推奨にすることは、より一般的です。新機能が追加されたり、古い機能が取り除かれたりすると、エンドポイントが変わることが多く、その場合、クライアントチームでは更新が必要になります。古いエンドポイントに送られていたリクエストを新しいエンドポイントに送らなければ（あるいは、リクエストを送るの完全に止めなければ）なりません。

ほとんどのマイクロサービスエコシステムでは、非推奨と廃止は技術的な問題というよりも、技術組織内の社会学的な問題なので、なおさら対処が難しくなります。マイクロサービスを廃止するときには、そのサービスの開発チームはすべてのクライアントサービスに警告メッセージを送り、依存関係の廃止にどのように対応すべきかアドバイスしなければなりません。廃止されるマイクロサービスの代わりに別の新しいマイクロサービスが追加されたり、既存のマイクロサービスに廃止されるマイクロサービスの機能が組み込まれたりする場合は、サービスの開発チームは、すべてのクライアントが新しいエンドポイントにリクエストを送るように更新するのを支援する必要があります。エンドポイントの非推奨も、同じような流れです。クライアントに警告メッセージを送り、新しいエンドポイントを与えるか、エンドポイントの完全な廃止にどのように対処すべきかをアドバイスします。非推奨、廃止のどちらについても、監視が重要な役割を果たします。サービスやエンドポイントを完全に廃止、非推奨にする**前に**、もとのサービスやエンドポイントにまだ送られているリクエストがないかどうかを確認するために、エンドポイントをしっかりと監視する必要があります。

逆に、エンドポイントやマイクロサービスの非推奨、廃止のやり方が適切でなければ、マイクロサービスエコシステムに破滅的な影響を及ぼすことがあります。これは、開発者が思うよりもよく起こることです。数百、数千のマイクロサービスが含まれているエコシステムでは、開発者は頻繁にチーム間で異動し、優先順位が変わり、マイクロサービス、テクノロジーは絶えず新しいよりよいものに置き換えられていきます。関与、監視、監督がまったく（またはあまり）ない状態で、置き換えられた古いマイクロサービスやテクノロジーがまだ動いていると、障害が気付かれなかったり、気付かれていても長い間解決されずに放置されたりします。マイクロサービスがこのように放置された状態で動いていると、機能停止が起こったときにクライアントを損なう危険があります。そのようなマイクロサービスは、ただ放棄してしまうのではなく、きちんと廃止の手続きを踏むようにすべきです。

マイクロサービスにとっては、依存関係が完全になくなってしまうこと以上に破滅的なことはありません。ほかのチームが計画して行ったことでも、依存関係の1つが突然予想外な形で障害を起こすこと以上に安定性、信頼性が失われることはありません。安全性、信頼性を備えた非推奨、廃止の重要性は、いくら強調しても足りないくらいです。

3.7 マイクロサービスの評価基準

マイクロサービスの安全性、信頼性についての理解を深めたところで、次の質問のリストを使って、マイクロサービスとマイクロサービスエコシステムの本番対応を評価してみましょう。質問はテーマ別に分類されており、この章の節に対応しています。

3.7.1 開発サイクル

- マイクロサービスは、すべてのコードが格納される一元管理されたリポジトリを持っているか。
- 開発者は、本番環境の状態（たとえば、現実の世界）を正確に反映している開発環境で作業をしているか。
- マイクロサービスのための適切なlintテスト、単体テスト、統合テスト、エンドツーエンドテストは揃っているか。

- コードレビューの手続きや方針を用意してあるか。
- テスト、パッケージング、ビルド、リリースのプロセスは自動化されているか。

3.7.2 デプロイパイプライン

- マイクロサービスエコシステムは、標準化されたデプロイパイプラインを持っているか。
- デプロイパイプラインに、完全ステージングか部分ステージングのステージングフェーズが含まれているか。
- ステージング環境は、本番サービスに対してどのようなアクセスをするか。
- デプロイパイプラインにカナリアフェーズはあるか。
- あらゆる障害を捕捉できるくらいの期間を使って、カナリアフェーズでデプロイを実行しているか。
- カナリアフェーズは、本番トラフィックのランダムなサンプルを正確にホスティングしているか。
- マイクロサービスのポートは、カナリアと本番で同じになっているか。
- 本番環境へのデプロイは1度にまとめて行っているか、それとも漸進的に展開しているか。
- 緊急時にステージング、カナリアフェーズを省略するための手順は用意してあるか。

3.7.3 依存関係

- マイクロサービスの依存関係はどれか。
- マイクロサービスのクライアントはどれか。
- このマイクロサービスは、依存関係の障害の影響をどのようにして緩和しているか。
- 個々のパスにバックアップ、代替サービス、フォールバック、防御的キャッシュは用意してあるか。

3.7.4 ルーティングと検出

- マイクロサービスの信頼性に対する健全性チェックは実行されているか。
- 健全性チェックは、マイクロサービスの健全性を正確に反映しているか。
- 健全性チェックは、通信レイヤ内で別チャネルを使って実行されているか。
- 不健全なマイクロサービスがリクエストを発行するのを防ぐサーキットブレーカーは配置されているか。
- 不健全なホストやマイクロサービスに本番トラフィックが送られるのを防ぐサーキットブレーカーは配置されているか。

3.7.5 非推奨と廃止

- マイクロサービスを廃止するための手続きは用意してあるか。
- マイクロサービスのAPIエンドポイントを非推奨にするための手続きは用意してあるか。

4章 スケーラビリティとパフォーマンス

本番対応のマイクロサービスは、スケーラブルでパフォーマンスに優れます。スケーラブルでパフォーマンスが高いマイクロサービスとは、同時に大量のタスクやリクエストを処理できるだけでなく、それらを効率よく処理でき、将来のタスクやリクエストの増加に対する備えがあるマイクロサービスです。この章では、質的、量的な成長の判断基準、ハードウェアの処理効率、リソースの要件やボトルネックの明確化、キャパシティの把握と計画、トラフィックのスケーラブルな処理、依存関係のスケーリング、タスクの処理、スケーラブルなデータストレージなど、マイクロサービスのスケーラビリティとパフォーマンスを確保するために必要不可欠な要素を取り上げます。

4.1 スケーラビリティとパフォーマンスを備えたマイクロサービスを構築するための原則

現実世界の大規模分散システムアーキテクチャでもっとも重要なのは処理効率であり、マイクロサービスエコシステムもその例外ではありません。単一のシステム（たとえばモノリシックなアプリケーション）の効率を定量化するのは簡単ですが、タスクが（数千とまではいかないまでも）数百の小さいサービスの間でシャーディングされるマイクロサービスの大規模なエコシステムで、処理効率を評価し向上させていくのはとてつもなく困難です。また、システムが分散化され、システムに含まれるマイクロサービスが多ければ多いほど、1つのマイクロサービスの処理効率がシステム全体の処理効率に与える影響は小さくなるというコンピュータアーキテクチャと分散システムの法則があり、大規模分散システムの処理効率はこの法則に支配されています。そのため、システム全体の処理効率を向上させるための原則を標準化することが必要になります。本番対応の標準に含まれる**スケーラビリティ**と**パフォーマンス**の2つは、システム全体の処理効率を上げ、マイクロサービスエコシステムの可用性を向上させるために役に立ちます。

スケーラビリティとパフォーマンスは、個々のマイクロサービスとマイクロサービスエコシステム全体の処理効率に対する影響の与え方の複雑さから奇妙に絡み合っています。「**1章　マイクロサービス**」で説明したように、スケーラブルなアプリケーションを構築するためには、並行性とパーティション分割が必要です。並行性は個々のタスクを小さな部品に分割可能にするのに対し、パーティション分割はこれらの小さな部品を並列処理するために必要不可欠です。そのため、**スケーラビリティ**はタスクをどのようにして分割統治するかの問題であるのに対し、**パフォーマンス**はアプリケーションがそれらのタスクをどれくらい効率よく処理しているかについての尺度になっています。

トラフィックが安定的に増加し、成長、繁栄しているマイクロサービスエコシステムでは、個々のマイクロサービスは、パフォーマンスの問題を起こすことなく、システム全体とともにスケーリングできるようになっていなければなりません。マイクロサービスをスケーラブルでパフォーマンスの高いものにするためには、個々のマイクロサービスが複数の要件を満たす必要があります。成長が予想されるときに準備できるようにするために、質的、量的な**成長の判断基準**を持たなければなりません。**ハードウェアリソースを効率よく**使い、**リソースの要件とボトルネック**を意識し、適切な**キャパシティプランニング**を行わなければなりません。マイクロサービスとともにマイクロサービスの**依存関係をスケーリング**できるようにしなければなりません。スケーラブルで高いパフォーマンスが得られるように**トラフィックを管理**しなければなりません。高いパフォーマンスが得られるように**タスク**を処理しなければなりません。そして、**データをスケーラブルに格納**しなければなりません。

本番対応サービスは、スケーラブルでパフォーマンスが高い

- 質的、量的な成長の判断基準がわかっている。
- ハードウェアリソースを効率よく使っている。
- リソースの要件とボトルネックがわかっている。

- キャパシティプランニングが自動化され、スケジュールに基づいて実行されている。
- 依存関係がマイクロサービスとともにスケーリングできる。
- クライアントに合わせてスケーリングできる。
- トラフィックのパターンがわかっている。
- 障害が起こったときには、トラフィックのルーティングを変えられる。
- スケーラビリティとパフォーマンスを確保できるプログラミング言語で書かれている。
- 高いパフォーマンスが得られるように、タスクを処理している。
- スケーラブルで高いパフォーマンスが得られるように、データを処理、格納している。

4.2 成長の判断基準

スケーラブルなマイクロサービスを構築、メンテナンスするための第一歩は、マイクロサービスが**どのように**スケーリングするかを（非常に高いレベルで）判断することです。マイクロサービスの**成長の判断基準**には2つの側面があります。そして、それら2つは、サービスのスケーラビリティを理解し、スケーラビリティ向上のための計画を立てる上でともに重要な役割を果たします。第1のものは**質的な成長の判断基準**であり、それはマイクロサービスがマイクロサービスエコシステム全体の中でどのような位置にあるか、どのようなビジネスメトリックの影響を受けるかについての理解から得られるものです。第2のものは**量的な成長の判断基準**であり、名前からもわかるように、マイクロサービスがどれくらいのトラフィックを処理できるかについての明確に定義された測定可能な量的な基準です。

4.2.1 質的な成長の判断基準

成長の判断基準を得ようとすると、自然な傾向として、サービスがサポートできるRPS（毎秒平均リクエスト数）やQPS（毎秒平均クエリー数）を尺度として、将来サービスに必要とされるRPS/QPSがどれくらいになるかを予測しようとします。「毎秒平均リクエスト数」という用語はマイクロサービスが話題になっているとき、「毎秒平均クエリー数」という用語はクライアントにデータを返すデータベースやマイクロサービスが話題になっているときに使われます。これは非常に重要な情報ですが、状況（特に、マイクロサービスが全体の中でどのような位置を占めるかについての状況）なしにこの数字だけを振り回しても意味がありません。

ほとんどの場合、マイクロサービスがサポートできるRPS/QPSについての情報は、成長の判断基準を初めて計算したときのマイクロサービスの状態に左右されます。現在のトラフィックレベルだけを見て、現在のトラフィックの負荷をマイクロサービスがどのように処理しているかを測定し、マイクロサービスが将来どの程度のトラフィックを処理できるかを推測するのでは、方針を誤る恐れがあります。この問題を回避するための方法としては、サービスのスケーラビリティをより正確に示せる（普段よりもトラフィックの負荷を上げてマイクロサービスをテストする）ロードテストや今後のトラフィックのレベルの推移を予測するための過去のトラフィックデータの分析など、さまざまなものがあります。しかし、このような考え方では、非常に大きなものが見失われてしまいます。それは、マイクロサービスアーキテクチャの本質的な性質です。つまり、マイクロサービスは単独で動いているわけではなく、大きなエコシステムの一部として動いているということです。

ここで、**質的な成長の判断基準**の出番がやってきます。質的な成長の判断基準は、高レベルのビジネスメトリックとサービスのスケーラビリティを結び付けることができます。たとえば、マイクロサービスは、ユーザ数、あるいは携帯アプリを開く人の数（「アイボール」）、（食品の宅配サービスの場合）発注数の増加に合わせて、スケーリングが必要になるでしょう。これらのメトリック、これらの量的な成長の判断基準は、個別のマイクロサービスではなく、システムや製品全体のスケーラビリティと結びついています。企業は、ビジネスレベルでこれらのメトリックが時間とともにどのように変化していくかについておおよそのイメージを持っています。こういったビジネスメトリックがエンジニアリングチームに伝えられれば、開発者たちは、各マイクロサービスに関係した形でその数値を解釈するでしょう。担当しているマイクロサービスの1つが食品宅配サービスの発注フローの一部になっている場合、将来見込まれる発注数がわかれば、自分のサービスにどのようなトラフィックが送られるかを予想できるはずです。

マイクロサービス開発チームにサービスの成長の判断基準を尋ねると、たいてい「毎秒**x**リクエストを処理できます」という答えが返ってきます。その後の質問は、いつも対象のサービスがシステム全体のどこに位置するかを明らかにするために費やされます。いつリクエストが発行されるのか、トリップ当たり1リクエストか、誰かがアプリを開くたびに1リクエストが送られるのか、新規ユーザが製品に登録するたびにリクエストが1度だけ送られるのか。こういった状況を理解する質問に答えが返ってくると、成長の判断基準が明確で役に立つものになってきます。サービスに送られるリクエスト数が携帯アプリを開いた人の数と直接結びついている場合には、サービスはアイボールとともにスケーリングしなければならないということであり、アプリを開く人の数を予測することによってサービスのスケーリングを計画することができます。サービスに対するリクエスト数が食品宅配を注文した人の数によって決まる場合には、サービスは配達数とともにスケーリングしなければならないということであり、将来の配達数を予測することによってサービスのスケーリングを予測し、計画することができます。

質的な成長の判断基準の原則には例外があり、スタックの下の方に進めば進むほどサービスの適切な質的な成長の判断基準は複雑になっていきます。内部ツールは、このような複雑さに直面することが多いでしょう。しかし、こういったツールは会社にとってきわめて重要であり、これらのツールにスケーラビリティがなければ、その他のマイクロサービス全体のスケーラビリティがあっという間に危うくなってしまいます。たとえば監視、アラートなどのアプリケーションプラットフォームのサービスの成長の判断基準は、ビジネスメトリック（ユーザ、アイボールなど）とは容易に結びつかないので、アプリケーションプラットフォームやインフラストラクチャのチームは、顧客（開発者、サービスなど）と顧客の仕様に基づいて自分のサービスの正確な成長の判断基準を持つ必要があります。内部ツールは、たとえばデプロイ数、サービス数、集めたログの量、データのGB数などによってスケーリングが必要になります。こういった数値は本質的に予測が難しいので、スタック下位のサービスの質的な成長の判断基準は複雑になりますが、それでもスタック上位のマイクロサービスの質的な判断基準と同じくらい明確で予測可能でなければなりません。

4.2.2 量的な成長の判断基準

成長の判断基準の第2の部分は量的なものであり、RPS/QPSなどのメトリックが活躍する場面です。**量的な成長の判断基準**を決めるときには、質的な成長の判断基準を念頭に置いてマイクロサービスにアプローチしなければなりません。量的な成長の判断基準は、質的な成長の判断基準を計測可能な数値に変換することによって定義されます。たとえば、マイクロサービスの質的な成長の判断基準がアイボール（何人が携帯アプリを開いたかなど）で、個々の「アイボール」によってマイクロサービスに2リクエストが送られ、データベースに1トランザクションが発生するなら、量的な成長の判断基準はリクエスト数とトランザクション数で計測でき、RPSとQPSがスケーラビリティを左右する2大メトリックになります。

質的、量的な成長の判断基準として正確なものを持つことの重要性は、いくら強調してもし過ぎることはありません。すぐあとで示すように、サービスの運用コスト、ハードウェアのニーズ、サービスの限界を予測するときには、成長の判断基準を使うことになります。

4.3 リソースの効率的な使い方

マイクロサービスエコシステムのような大規模分散システムのスケーラビリティを考えるときにもっとも役に立つ抽象化は、ハードウェアやインフラストラクチャシステムの要素を**リソース**として扱うことです。CPU、メモリ、データストレージ、ネットワークは、自然界の資源（リソース）と同じ性質を持っています。有限で、現実世界にある物理的な実体であり、エコシステムのさまざまなキープレイヤの間で分散、共有されなければなりません。「**1.4 組織的な課題**」で簡単に説明したように、ハードウェアリソースは高価で価値があり、場合によっては希少なので、マイクロサービスエコシステムの中ではリソースをめぐって熾烈な競争が起こります。

リソース配分という組織的な課題の難しさは、ビジネスクリティカルなマイクロサービスに優先してリソースを与えれば緩和されます。会社全体にとっての重要性や価値に基づいてエコシステムに含まれるさまざまなマイクロサービスを分類し、リソース配分の優先順位を決めるとよいでしょう。エコシステム全体で希少なリソースについては、もっともビジネスクリティカルなサービスに多く配分されるように優先順位を付けるのです。

しかし、マイクロサービスエコシステムの第1レイヤ（ハードウェアレイヤ）については多くのことを決めなければならないので、リソース配分には独特の難しさがあります。個々のマイクロサービスに専用ハードウェアを与え、個々のホストで実行されるサービスを1つだけに絞り込む方法もありますが、これではコストがかかる割にハードウェアリソースの使い方としては効率が悪くなってしまいます。多くの技術組織は、複数のマイクロサービスでハードウェアを共有し、個々のホストが複数の異なるサービスを実行する形を選んでいます。ほとんどの場合、こうするとハードウェアリソースをより効率よく使えるようになります。

ハードウェアリソース共有の危険性

1つのマシンで多くの異なるマイクロサービスを実行すると(つまり、マイクロサービス間でマシンを共有すると)、通常はハードウェアリソースをより効率よく使えますが、それらのマイクロサービスが十分に分離され、隣接するマイクロサービスのパフォーマンス、処理効率、可用性が損なわれないように注意しなければなりません。Dockerなどを使ったコンテナ化にリソースの分離を組み合わせれば、行儀の悪い隣接マイクロサービスからの邪魔を防ぐために役立ちます。

マイクロサービスエコシステム全体でハードウェアリソースを効果的に配分するための方法の1つは、Apache Mesosなどのリソース抽象化テクノロジーを使って、ホストの概念を取り除き、ハードウェアリソースの概念を導入することです。このレベルでリソースを抽象化すれば、リソースを動的に配分できるようになり、マイクロサービスエコシステムのような大規模分散システムのリソース配分の多くの難点が取り除かれます。

4.4 リソースの把握

マイクロサービスエコシステムのマイクロサービスにハードウェアリソースを効率よく配分するためには、個々のマイクロサービスのリソースに対する**要件**とリソースに関する**ボトルネック**を明らかにすることが大切です。リソースの要件とは、個々のマイクロサービスが必要とする具体的なリソース(CPU、RAMなど)です。スケーラブルなサービスを実現するためには、リソースの要件を明らかにすることが欠かせません。リソースのボトルネックとは、リソースに依存する個々のマイクロサービスのスケーラビリティ、パフォーマンスの限界のことです。

4.4.1 リソースの要件

マイクロサービスの**リソース要件**とは、マイクロサービスが適切に動作し、効率よくタスクを処理し、垂直/水平スケーラビリティを確保するために必要なハードウェアリソースのことです。もっとも重要で欠かせない2大ハードウェアリソースは、意外ではありませんが、CPUとRAMです（マルチスレッド環境では、スレッドが第3の重要リソースになります）。そのため、マイクロサービスのリソース要件は、そのサービスの**1インスタンス**を実行するために必要なCPUとRAMを定量化すれば明らかになります。リソースの抽象化、リソース配分、マイクロサービスのスケーラビリティとパフォーマンスの判定では、リソース要件を明らかにすることが欠かせません。

その他のリソースの要件

CPUとRAMはリソース要件の2大要素ではありますが、エコシステム内のマイクロサービスが必要とするその他のリソースにも目配りすることが大切です。これに含まれるのは、データベース接続やロギングのクォータなどのアプリケーションプラットフォームリソースなどです。特定のマイクロサービスのニーズを意識すれば、スケーラビリティとパフォーマンスの向上に大きく役立ちます。

マイクロサービスのリソース要件の計算は、関連要素がたくさんあるので、時間のかかる面倒な作業になることがあります。ここで大切なのは、先ほども触れたように、サービスの**1インスタンス**の要件を明らかにすることです。サービスのスケーリングでもっとも効果的で効率のよい方法は、水平スケーリングです。つまり、トラフィックが増えそうになったときに、ホストを追加して新ホストにサービスをデプロイするのです。何台のホストを追加しなければならないかを知るためには、1台のホストでサービスを実行したときにどうなるかを知る必要があります。具体的には、どれだけのトラフィックを処理できるか、CPUをどれくらい利用するか、メモリをどれくらい消費するかといったことです。これらの数値を明らかにすると、マイクロサービスのリソース要件を正確に知ることができます。

4.4.2 リソースのボトルネック

リソースのボトルネックを明らかにすれば、マイクロサービスのパフォーマンスとスケーラビリティの限界を定量化することができます。リソースのボトルネックとは、マイクロサービスのリソースの使い方の中に含まれるアプリケーションのスケーラビリティを制限する要素のことです。そのような要素には、インフラストラクチャのボトルネックもあれば、サービスのアーキテクチャに含まれるスケーラビリティ阻害要因もあります。たとえば、アプリケーションが必要とするデータベース接続数は、データベース接続が限界に近づくとボトルネックになり得ます。リソースのボトルネックの一般的な例としては、トラフィックの増加に対してマイクロサービスを（インスタンス/ハードウェアを増やす水平スケーリングではなく）垂直スケーリングしなければならないときがあります。マイクロサービスをスケーリングするために個々のインスタンスが使えるリソースを増やす（CPUを強化し、メモリを増設する）以外の方法がない場合、スケーラビリティの2大原則（並行性とパーティション分割）が失われてしまいます。

リソースのボトルネックの中には、簡単にわかるものがあります。トラフィックの増加に対応するために、強力なCPUと大量のメモリを搭載したマシンにマイクロサービスをデプロイする以外の方法がない場合、スケーラビリティにボトルネックがあります。この場合、並行性とパーティション分割を指導原則として、マイクロサービスを垂直方向だけでなく水平方向にもスケーリングできるようにしなければなりません。

垂直スケーリングの罠

垂直スケーリングは、マイクロサービスアーキテクチャの基礎として持続可能でスケーラブルな方法だとは言えません。個々のマイクロサービスが専用ハードウェアを持つような状況ではそれでうまくいくように見えるかもしれませんが、今日のIT業界で使われているDockerやApache Mesosのような新しいハードウェア抽象化とハードウェア分離のテクニックとはうまく適合しません。スケーラブルなアプリケーションを作りたければ、必ず並行性とパーティション分割を増やす方向で最適化を行うべきです。

リソースのその他のボトルネックは自明ではありません。それらを見つける最良の方法は、サービスのロードテストをしっかり行うことです。ロードテストについては、「**5.4　回復性テスト**」で詳しく説明します。

4.5 キャパシティプランニング

スケーラブルなマイクロサービスを構築するための要件としてもっとも重要なものの1つは、スケーリングしても必要なハードウェアリソースへのアクセスが保証されるようにすることです。マイクロサービスがより多くの本番トラフィックを処理しなければならなくなったときにハードウェアリソースがなければ、リソースを効率的に使い、成長のための計画を考え、完璧なパフォーマンスとスケーラビリティを持つようにマイクロサービスを0から設計しても、一瞬で無意味になってしまいます。これは、水平スケーラビリティを確保できるように最適化されたマイクロサービスで特に重要な問題です。

キャパシティプランニングには、技術的な問題に加えて、もれなくそれよりも大きな会社全体のレベルの経営問題がついてまわります。ハードウェアリソースはかなり高価であり、企業やその中の個別の開発チームは守らなければならない予算を持っています。(ハードウェアのための予算も含まれることが多い) 予算の使い方は、あらかじめ計画を立てておかなければなりません。トラフィックの増加に合わせてマイクロサービスを適切にスケーリングできるようにするためには、日程を決めて**キャパシティプランニング**を行わなければなりません。キャパシティプランニングの原則は、ごく単純なものです。個々のマイクロサービスのハードウェアに対するニーズをあらかじめ明確にし、そのニーズを予算に組み込み、必要なハードウェアを確保することです。

個々のサービスのハードウェアに対するニーズを予測するためには、(質的、量的両方の) 成長の判断基準、主要なビジネスメトリックとトラフィックの予測値、既知のリソース要件とボトルネック、マイクロサービスのトラフィックの履歴データを使うことができます。ここで特にものを言うのが質的、量的な成長の判断基準です。これらの判断基準から、マイクロサービスのスケーラビリティ要件がビジネスレベルの成長予測といかに深く関わっているかがわかるのです。たとえば、(1) 製品全体に対するユニークユーザ数の増加とともにマイクロサービスをスケーリングしなければならないこと、(2) 個々のユニークユーザは、マイクロサービスに対する毎秒数リクエストに対応していること、(3) 会社は次の四半期にこの製品が2万人の新規ユニークユーザを獲得することを見込んでいることがわかっていれば、次の四半期に必要とされるキャパシティを正確に予測できます。

個々の開発チーム、技術組織、企業の予算には、このニーズを組み込んでおかなければなりません。予算が決定される**前**に、このような計算を行うように日程を組んでおけば、技術組織は、単純にリソースの予算が準備できていないためにハードウェアリソースの手配が間に合わないというような状況を防ぐことができます。ここで（技術的な視点からも経営的な視点からも）重要なことは、キャパシティプランニングが不十分なときにどのようなコストがかかるかを認識することです。ハードウェアが足りないためにマイクロサービスを適切にスケーリングできなければ、エコシステム全体の可用性が下がり、機能停止が発生します。機能停止は、会社の資金を減らします。

新しいハードウェアを調達するためのリードタイム

キャパシティプランニングの段階で開発チームが見逃しがちな問題が1つあります。マイクロサービスが必要とするハードウェアが計画時点では存在しない場合、マイクロサービスを実行するためには、ハードウェアを入手し、マイクロサービスをインストール、構成しなければならないことです。キャパシティプランニングでは、ハードウェアリソースの長期的な不足を防ぐために、新しいハードウェアを入手するために必要な正確なリードタイムを調べ、さらにある程度の遅れを見込んで計画を立てるようにすべきです。

個々のマイクロサービスのために専用のハードウェアリソースを確保したらキャパシティプランニングは完了です。もちろん、計画のあと、実際にいつどのようにしてハードウェアを割り当てるかは、個々の技術組織と開発、インフラストラクチャ、運用チームが決めなければならないことです。

キャパシティプランニングは非常に難しくなり、手作業になることがあります。しかし、エンジニアリングにおけるほとんどの手作業と同様に、手動のキャパシティプランニングは新しい障害モードを作り出します。手動計算は間違うことがあり、ごくわずかな不足でも、ビジネスクリティカルなサービスには破滅的な影響を及ぼすことがあります。キャパシティプランニングプロセスの大部分を自動化すれば、障害を削減できます。マイクロサービスエコシステムのアプリケーションプラットフォームレイヤでキャパシティプライニングのためのセルフサービスツールを作り、実行するとよいでしょう。

4.6 依存関係のスケーリング

マイクロサービスの依存関係のスケーラビリティがマイクロサービスそのもののスケーラビリティ問題の原因になることがあります。あらゆる面で完全にスケーラブルになるように設計、構築、実行されているマイクロサービスでも、依存関係が同じようにスケーラブルになっていなければ、スケーラビリティの問題に直面することになります。重要な依存関係の中にクライアントのスケーリングについていけないものが1つあるだけで、依存関係の連鎖全体のスケーラビリティが損なわれます。本番対応を持つサービスを作るためには、マイクロサービスの成長予測に合わせてすべての依存関係がスケーリングできるようにしておくことが必要不可欠です。

これは、マイクロサービスエコシステムの4層スタックに含まれるすべてのマイクロサービス、すべての部品が抱える問題なので、マイクロサービスチームは、自分たちのサービスがクライアントのスケーラビリティのボトルネックにならないようにしなければなりません。つまり、マイクロサービスエコシステムの自分以外の部分によってさらに複雑さが増してしまうのです。マイクロサービスのクライアントのトラフィックが増加し、クライアントが成長することは避けられないことであり、そのための備えが必要とされます。

質的な成長の判断基準と依存関係のスケーラビリティ

依存関係の連鎖がきわめて複雑な場合、すべてのマイクロサービスチームが、質的な成長の判断基準を使ってそれぞれのサービスのスケーラビリティをビジネスメトリックに結びつけるようにすれば、チーム間でなかなかコミュニケーションが取れない場合でも、予想される成長に向けてすべてのサービスを準備させることができます。

依存関係のスケーリングは、マイクロサービスエコシステムのすべての部分を通じて共通のスケーラビリティ、パフォーマンス標準を設定すべきだという議論の強力な論拠になります。ほとんどのマイクロサービスは、孤立して動いているわけではありません。ほぼすべてのマイクロサービスは、大規模で絡み合い、込み入った依存関係の連鎖の中の小さな部分を構成しています。ほとんどの場合、製品、組織、エコシステム全体をスケーリングするためには、システムの個々の部品がほかの部分と同じようにスケーリングできなければなりません。システムの中に少数のきわめてパフォーマンス、効率の高いスケーラブルなマイクロサービスがあっても、その他のサービスがその標準を掲げず、その標準を満たしていなければ、標準に基づくサービスの処理効率が高くても無意味になってしまいます。

スケーラビリティを維持するためにエコシステム全体に適用される高い標準を作り、個々のマイクロサービス開発チームにその標準を達成させるようにすることに加えて、開発チーム同士が依存関係の連鎖の中の自分たちが関わっている部分のスケーラビリティを維持するために、マイクロサービスの壁を越えて協力することはとても大切です。クライアントを持つマイクロサービスを担当する開発チームは、トラフィックの増加が予想されるときには、アラートを送る必要があります。ここで大切なのは、チームの壁を越えたコミュニケーションと協力です。サービスのスケーラビリティ要件、状態、ボトルネックについて、クライアントや依存関係の開発チームと定期的に連絡を取り合っていれば、依存し合うサービスが成長に向けて準備し、スケーラビリティのボトルネックになりそうな部分を意識するために大きな効果があります。このようなチーム間コミュニケーションを確保するために私が使っていた方法は、相互に依存するチームを集めてアーキテクチャとスケーラビリティの概要を説明する会議を行うことです。このような会議では、個々のサービスのアーキテクチャとスケーラビリティの限界を取り上げてから、サービスの全体をスケーリングするために何をしなければならないかを議論します。

4.7 トラフィック管理

サービスがスケーリングし、処理しなければならないリクエストが増えたとき、スケーラブルでパフォーマンスの高いサービスなら、トラフィックを賢く処理します。まず、（質的、量的な）成長の判断基準を使って、将来のトラフィックの増減を予測します。次に、トラフィックパターンを理解し、対策を準備します。第3に、マイクロサービスがトラフィックの増加だけでなく、サージ（バースト）も賢く処理できるようにする必要があります。

第1の部分については、この章の前の方ですでに説明しました。マイクロサービスの（質的、量的な）成長の判断基準を理解すれば、現在のトラフィックがサービスに与えている負荷を理解し、将来のトラフィックの増加に備えることができます。

現在のトラフィックパターンを理解すると、下位レイヤのサービスとさまざまな形でやり取りするときに役立ちます。サービスのRPSの時系列的な推移という意味でもすべての主要メトリックという意味でも（主要メトリックの詳細については、**「6章 監視」**を参照）、トラフィックパターンが明確にわかっていれば、トラフィックのピーク時を避けてサービスの変更、運用上の停止、デプロイなどを行うことができ、バグをデプロイしてしまったときの機能停止を減らし、トラフィックのピーク時にマイクロサービスが再起動されたときのダウンタイムを短縮できます。トラフィックパターンを踏まえてトラフィックをていねいに監視し、トラフィックパターンに合わせて監視のしきい値をチューニングすると、問題やインシデントが機能停止を起こしたり、可用性を低下させたりする前にそれらの問題点を探し出すために役立ちます（本番対応の監視の原則については、**「6章 監視」**で詳しく説明します）。

将来のトラフィックの増加を予想でき、予想される成長に合わせてトラフィックパターンがどのように変わるかがわかるくらいに現在と過去のトラフィックパターンが理解できていたら、サービスのロードテストを行って、トラフィックの負荷がさらに重くなったときにサービスが期待通りに動作することを確かめることができます。ロードテストについては、**「5.4 回復性テスト」**で詳しく説明します。

トラフィック管理の第3の側面は、問題が極端に難しくなる部分です。マイクロサービスは、スケーラブルにトラフィックを処理できなければなりません。これは、特にバーストなどのトラフィックの極端な変化にも対応できるようにして、トラフィックの変化によってサービス全体が停止してしまうことを防ぐということです。言うは易く行うは難しとはこのことで、しっかりと監視され、スケーラブルでパフォーマンスの高いということでは最高水準に達しているようなマイクロサービスでも、トラフィックが突然スパイク（急増）すると、監視、ロギング、その他一般的な問題を起こすことがあります。この種のスパイクには、監視、ロギングシステムなどのインフラストラクチャレベルで備えるとともに、開発チームがサービスの回復性テストスイートで対処しなければなりません。

さまざまな場所をつなぐトラフィックの管理に関して、もう1つ触れておきたいことがあります。マイクロサービスエコシステムの多くは、1つの都市、1つのデータセンター、1つの場所だけにデプロイされたりはしません。国中（または世界中）の複数のデータセンターにまたがってデプロイされます。データセンター自体が大規模な機能停止を起こすことは、決して珍しいことではありません。そのような場合、1つのデータセンターにデプロイされていると、マイクロサービスエコシステム全体がデータセンターもろとも停止してしまう危険があります（実際、通常はそうなります）。データセンターを分散し、それらの間で適切にトラフィックをルーティングするのは、マイクロサービスエコシステムのインフラストラクチャレベル（特に通信レイヤ）の仕事ですが、個々のマイクロサービスも、サービスの可用性を下げずにほかのデータセンターにトラフィックをルーティングし直せるように準備しておく必要があります。

4.8 タスクの処理

マイクロサービスエコシステムに含まれるすべてのマイクロサービスは、何らかのタスクを処理する必要があります。つまり、すべてのマイクロサービスは、上流のクライアントサービスからのリクエストを受け取ります。クライアントは、マイクロサービスが持つ何らかの情報が必要なのか、マイクロサービスに何らかの計算や処理を実行させて、その結果についての情報が必要なのでしょう。マイクロサービスは、通常は自分である程度の仕事をしつつ、下流のシステムと通信してそのリクエストを満たし、リクエストを送ってきたクライアントに、リクエストされた情報、つまりレスポンスを返します。

4.8.1 プログラミング言語の限界

マイクロサービスは、さまざまな方法でリクエストされた役割を果たすことができます。そして、計算を実行したり、下流サービスと通信したり、さまざまなタスクを処理したりするための方法は、サービスの開発に使われたプログラミング言語や（プログラミング言語によってさまざまな形で規定される）サービスのアーキテクチャによって大きく変わります。たとえば、Pythonで書かれたマイクロサービスは、さまざまなタスクをさまざまな方法で処理できます。その中には、効率のよいタスク処理のために、非同期フレームワーク（Tornadoなど）を必要としたり、RabbitMQ、Celeryといったメッセージングテクノロジーを利用したりするものが含まれます。このような理由から、マイクロサービスがスケーラブルでパフォーマンスの高い形でタスクを処理できるかどうかには、言語の選択によって左右される部分があります。

プログラミング言語のスケーラビリティ、パフォーマンスの限界に注意しなければならない

多くのプログラミング言語は、マイクロサービスアーキテクチャのパフォーマンス、スケーラビリティ要件を満たしていないか、マイクロサービスが効率よくタスクを処理するためのスケーラブルでパフォーマンスの高いフレームワークを備えていません。

マイクロサービスがタスクを効率よく処理できるかどうかが、ある程度までは言語の選択によって決まってしまうので、マイクロサービスアーキテクチャでは言語の選択がきわめて重要な意味を持ちます。多くのプログラマにとって、マイクロサービスアーキテクチャを採用するときのセールスポイントの1つは、どのプログラミング言語を使ってもよいということであり、通常これは嘘ではありませんが、プログラミング言語による制約を計算に入れなければならないという条件付きだということに注意しなければなりません。かっこいい、面白い、開発チームがもっともよく知っているといったことではなく、言語のパフォーマンス、スケーラビリティに対する制約の大小を決め手にしなければならないのです。マイクロサービス開発にもっとも適した1つの言語というようなものは存在しませんが、特定の種類のマイクロサービスを書くときにほかの言語よりも適している言語は**あります**。

4.8.2 効率のよいリクエスト、タスクの処理

言語の選択は別としても、本番対応を標準化するためには、個々のマイクロサービスがスケーラブルでパフォーマンスの高いものでなければなりません。つまり、マイクロサービスは同時に大量のタスクを効率よく処理するとともに、将来のタスクやリクエストの増加に対して備えがなければなりません。開発チームは、このことを頭に入れた上で、担当するマイクロサービスについて次の3つの基本的な質問に答えられるようにする必要があります。それは、マイクロサービスはどのようにタスクを処理しているか、その処理はどれくらい効率的か、リクエスト数が増減したときにどのように対応するかです。

スケーラビリティやパフォーマンスを確保するためには、マイクロサービスはタスクを効率よく処理しなければなりません。そのためには、並行性とパーティション分

割の両方が必要です。並行性を実現するためには、サービスは1つのプロセスですべての仕事を済ませるわけにはいきません。そのようなプロセスは、1度に1つのタスクを取り出し、特定の順序で一連の手順を終わらせ、次のタスクの処理に移りますが、これはタスクの処理方法としては効率の悪い方法です。1つのプロセスを使うようなアーキテクチャではなく、並行性を導入すれば、個々のタスクを小さな部品に分解することができます。

マイクロサービスは並行性とパーティション分割に最適化されたプログラミング言語で書こう

プログラミング言語の中には、ほかの言語よりも効率的な（並行性とパーティション分割を実現しやすい）タスク処理に向いたものがあります。新しいマイクロサービスを書くときには、サービスの開発に使ったプログラミング言語がスケーラビリティやパフォーマンスの制約を持ち込まないようにする必要があります。すでにそのような制約を抱えた言語で書かれたマイクロサービスは、もっと適切な言語で書き直すことができるし、書き直すべきです。これは時間がかかりますが、スケーラビリティとパフォーマンスが飛躍的に向上するので、それだけの価値のある仕事です。たとえば、並行性とパーティション分割を実現することを目指し、そのために非同期フレームワークを使いたいと思っている場合、（並行性とパーティション分割のために構築された言語であるC++、Java、Goではなく）Pythonでサービスを書くと、スケーラビリティやパフォーマンスを妨げる無数のボトルネックが作られ、それらの悪影響を緩和するのは困難です。

タスクが小さな部品に分割されているとき、パーティション分割を使えば、タスクをもっと効率よく処理できます。パーティション分割とは、タスクがただ小さな部品に分割されているだけではなく、並列処理できるようにすることです。小さなタスクが無数にあるとき、タスクを並列処理できる一連のワーカーにそれらを送れば、全部を同時に処理できます。より多くのタスクを処理しなければならなくなったら、増加分のタスクを処理するためのワーカーを追加すれば、システムの処理効率に影響を与えずに、簡単にスケーリングできます。並行性とパーティション分割は、相乗効果でマイクロサービスのスケーラビリティとパフォーマンスを確保します。

4.9 スケーラブルなデータストレージ

マイクロサービスは、スケーラブルでパフォーマンスの高い形でデータを処理しなければなりません。マイクロサービスは、データをどのように格納、処理するかによって簡単に大きな制約を抱えてしまい、スケーラビリティもパフォーマンスも得られなくなってしまいます。スキーマやデータベースの選び方が悪ければ、またテストテナンシーをサポートしていないデータベースを選んでしまえば、マイクロサービスの可用性は損なわれてしまいます。マイクロサービスに適したデータベースの選択は、本書で扱うほかのテーマと同様にとてつもなく複雑なテーマなので、この章ではごく表面的なことしか扱えません。以下の節では、マイクロサービスエコシステムで使うデータベースを選ぶときに考えるべきことをいくつか見てから、マイクロサービスアーキテクチャならではのデータベースの問題を取り上げます。

4.9.1 マイクロサービスエコシステムにおけるデータベースの選び方

大規模なマイクロサービスエコシステムでデータベースを構築、実行、メンテナンスするのは、簡単な仕事ではありません。マイクロサービスアーキテクチャを採用している企業の中には、開発チームに専用のデータベースを選択、構築、メンテナンスすることを認めているところもあれば、社内のマイクロサービスの大多数で使えるデータベースを少なくとも1つ用意した上で、別にデータベースを実行、メンテナンスするチームを作り、開発者たちが自分のマイクロサービスの開発に専念できるようにしているところもあります。

マイクロサービスアーキテクチャが4個の別々のレイヤから構成されていると考え、マイクロサービスを採用した会社の技術組織が逆コンウェイの法則によって製品のアーキテクチャを反映したものになっているとすると、適切なデータベースを選択、構築、実行、メンテナンスすべきレイヤがどこにあるかはわかります。マイクロサービスチームに対するサービスとしてデータベースを提供するアプリケーションプラットフォームレイヤか、マイクロサービスが使うデータベースをサービスの一部として考えるマイクロサービスレイヤです。私は、さまざまな企業で両方の形を実際に見てきていますが、うまく機能しているかどうかには差があります。そして、あるアプローチが特にうまく機能することにも気付いています。アプリケーションプラットフォームレイヤでサービスとしてデータベースを提供する一方で、アプリケーションプラットフォームの一部として提供されているデータベースがマイクロサービス開発チームのニーズに合わなければ、開発チームが自分でデータベースを運用するという形です。

データベースのもっとも一般的なタイプは、**リレーショナルデータベース**（SQL、MySQL）と**NoSQLデータベース**（Cassandra、Vertica、MongoDBなどのほか、Dynamo、Redis、Riakなどのキーバリューストア）です。マイクロサービスのニーズに合わせてまずリレーショナルデータベースにするかNoSQLデータベースにするかを選び、続いて特定のデータベース製品を選ぶためには、次の質問に答えなければなりません。

- 個々のマイクロサービスが必要としている毎秒トランザクション数はいくつか。
- マイクロサービスが格納しなければならないデータはどのような種類のものか。
- 個々のマイクロサービスが必要とするスキーマはどのようなもので、どれくらいの頻度で変わるか。
- マイクロサービスは、強い整合性や結果整合性を必要としているか。
- マイクロサービスはリードヘビーか、ライトヘビーか、その両方か。
- データベースは水平スケーリングや垂直スケーリングを必要とするか。

データベースがアプリケーションプラットフォームの一部としてメンテナンスされているか、個別のマイクロサービス開発チームによってメンテナンスされているかにかかわらず、データベースは以上の質問に対する答えに基づいて選択すべきです。たとえば、水平スケーリングが必要な場合や、読み書きの並列実行が必要な場合には、NoSQLデータベースが向いています。リレーショナルデータベースは、水平スケーリングや並列的な読み書きでは苦戦します。

4.9.2 マイクロサービスアーキテクチャ独特のデータベースの問題

マイクロサービスアーキテクチャでは、データベースについて独特の問題があります。複数のマイクロサービスがデータベースを共有する場合、リソースをめぐる競争が発生し、公平な割り当て以上にストレージを使ってしまうマイクロサービスが出てくることがあります。共有データベースを構築、メンテナンスするエンジニアは、テナントマイクロサービスが追加領域を必要としたり、利用可能な領域を使い切りそうになったりしたときに、データベースを簡単にスケーリングできるようなデータストレージソリューションを設計する必要があります。

データベース接続数に注意

データベースの中には、同時に開けるデータベース接続数に厳格な制限を設けているものがあります。サービスの可用性とマイクロサービスが使っているデータベースの可用性を損なわないように、すべての接続が適切に切断されるように注意しましょう。

マイクロサービス、特に構築済みで、安定性、信頼性を備えた開発サイクルとデプロイパイプラインが確立したマイクロサービスでよく遭遇するもう1つの問題は、エンドツーエンドテスト、ロードテスト、ステージングフェーズで行われる書き込みテストで使われたテストデータの処理です。「**3.3　デプロイパイプライン**」で触れたように、デプロイパインプラインのステージングフェーズでは、データベースの読み書きが必要になります。完全ステージングを使っている場合には、ステージングフェーズには専用のテスト、ステージングデータベースがありますが、部分ステージングを使っている場合には、本番データベースサーバへの読み書きが必要になるため、データが適切に処理されるようにするために慎重の上にも慎重を期さなければなりません。テストデータにははっきりとテストデータのマークを付け（このプロセスを**テストテナンシー**と呼びます）、定期的にすべてのテストデータを削除するようにしなければなりません。

4.10　マイクロサービスの評価基準

マイクロサービスのスケーラビリティとパフォーマンスについての理解を深めたところで、次の質問のリストを使って、マイクロサービスとマイクロサービスエコシステムの本番対応を評価してみましょう。質問はテーマ別に分類されており、この章の節に対応しています。

4.10.1　成長の判断基準

- このマイクロサービスの質的な成長の判断基準は何か。
- このマイクロサービスの量的な成長の判断基準は何か。

4.10.2　リソースの効率的な利用

- マイクロサービスを実行しているのは専用ハードウェアか、それとも共有ハードウェアか。
- リソースの抽象化、配分のためのテクノロジーを使っているか。

4.10.3　リソースの把握

- マイクロサービスのリソース要件（CPU、RAM、その他）はどうなっているか。
- マイクロサービスの1インスタンスが処理できるトラフィックはどれくらいか。
- マイクロサービスの1インスタンスが必要とするCPUキャパシティはどれくらいか。
- マイクロサービスの1インスタンスが必要とするメモリはどれくらいか。
- このマイクロサービスならではのリソース要件がほかにあるか。
- このマイクロサービスのリソースのボトルネックは何か。
- このマイクロサービスは、水平スケーリング、垂直スケーリング、またはその両方を必要とするか。

4.10.4　キャパシティプランニング

- スケジュールに基づいてキャパシティプランニングを行っているか。
- 新しいハードウェアのリードタイムはどれくらいか。
- ハードウェアリクエストはどのような頻度で発生するか。
- ハードウェアリクエストが優先的に認められるマイクロサービスはあるか。
- キャパシティプランニングは自動化されているか、それとも手動か。

4.10.5　依存関係のスケーリング

- このマイクロサービスの依存関係は何か。
- 依存関係はスケーラブルでパフォーマンスが高いか。
- 依存関係のスケーリングは、このマイクロサービスの予想される成長についてこられるか。
- 依存関係の所有者は、このマイクロサービスの予想される成長に対して準備ができているか。

4.10.6 トラフィック管理

- マイクロサービスのトラフィックパターンはしっかりと理解できているか。
- サービスへの変更の日程は、トラフィックパターンを中心として組まれているか。
- トラフィックパターンの極端な変化（特にトラフィックのバースト）は、注意を払って適切に処理されているか。
- 障害が起こったときに、トラフィックを自動的にほかのデータセンターにルーティングできるようになっているか。

4.10.7 タスクの処理

- マイクロサービスは、スケーラブルでパフォーマンスの高いサービスを作れるプログラミング言語で書かれているか。
- マイクロサービスのリクエストの処理方法の中に、スケーラビリティやパフォーマンスが制限される要因は含まれているか。
- マイクロサービスのタスクの処理方法の中に、スケーラビリティやパフォーマンスが制限される要因は含まれているか。
- マイクロサービスチームの開発者たちは、サービスがタスクをどのように処理しているか、その処理はどれくらい効率的か、タスクやリクエストの数が増減したときにどのように対応するかを理解しているか。

4.10.8 スケーラブルなデータストレージ

- このマイクロサービスは、スケーラブルでパフォーマンスの高い形でデータを処理しているか。
- マイクロサービスが格納しなければならないデータは、どのような種類のものか。
- マイクロサービスのデータで必要とされるスキーマは、どのようなものか。
- 毎秒何トランザクションを処理しなければならないか、実際に処理されているのは何トランザクションか。
- このマイクロサービスは、より高い読み書きパフォーマンスを必要としているか。
- このマイクロサービスは、リードヘビー、ライトヘビー、またはその両方か。

- このマイクロサービスのデータベースは水平スケーリング、または垂直スケーリングされるか。レプリケートされたり、パーティション分割されたりしているか。
- このマイクロサービスは、専用データベースと共有データベースのどちらを使っているか。
- このマイクロサービスは、テストデータをどのように処理、格納しているか。

5章
耐障害性と大惨事対応

本番対応のマイクロサービスは耐障害性があり、大災害、大惨事（カタストロフィ）にも耐えられるように準備できています。マイクロサービスは障害を起こし、障害はたびたび起こります。起こる可能性のある障害シナリオは、マイクロサービスの生涯のどこかの時点で必ず起こります。マイクロサービスエコシステム全体を通じて可用性を保証するためには、障害対策のための綿密な計画、大惨事に対する備えが必要であり、リアルタイムで本番マイクロサービスを障害に追い込み、障害からグレースフルに回復できることを確かめる必要があります。

この章では、単一障害点を作らないようにすること、大惨事や障害の一般的なシナリオ、障害の検出と修正の方法、さまざまな種類の回復性テストの整備、障害が起こったときの組織レベルでのインシデント、機能停止処理の方法について説明します。

5.1　耐障害性のあるマイクロサービスを構築するための原則

大規模分散システムを構築したときの現実は、個別のコンポーネントが障害を起こす危険性をはらみ、実際に障害を起こし、障害をたびたび起こすということです。この法則から逃れられるマイクロサービスエコシステムはありません。考えられる障害のシナリオは、マイクロサービスの生涯のどこかの時点で必ず発生します。そして、これらの障害は、マイクロサービスエコシステムの中の複雑な依存関係の連鎖によって悪化します。依存の連鎖に含まれる1つのサービスが障害を起こすと、上流にあるすべてのクライアントが影響を受け、システム全体のエンドツーエンドの可用性が損なわれてしまいます。

大惨事的な障害を緩和し、システム全体の可用性が損なわれるのを防ぐためには、エコシステムに含まれるすべてのマイクロサービスを**耐障害性**があり**大惨事対応**にするしかありません。

耐障害性があり大惨事対応のマイクロサービスを構築するための最初の手順は、**単一障害点**（SPOF: Single Point Of Failure）を取り除くことです。障害を起こすとそれだけでシステム全体が止まってしまうような部品がエコシステムの中に含まれていてはならないし、マイクロサービスアーキテクチャのどの部品も、障害を起こしたからといってマイクロサービスを停止させるようなことがあってはなりません。マイクロサービスの内部とその上の抽象化レイヤの両方でこういった単一障害点を見つけ出せば、もっとも激しい障害の発生は防げます。

次の手順は、**障害シナリオを明らかにすること**です。マイクロサービスの障害や大惨事の原因は、目立っていてすぐにわかる上に取り除ける単一障害点ばかりとは限りません。耐障害性と大惨事対応を実現するためには、マイクロサービスは**内部障害**（マイクロサービス自身の障害）と**外部障害**（エコシステムのほかのレイヤで起こった障害）の両方に耐えられなければなりません。ホストの障害からデータセンター全体の障害まで、データベースの障害からサービスの分散タスクキューの障害まで、マイクロサービス自身やマイクロサービスエコシステム全体が複雑さを増していくと、マイクロサービスが停止する原因となる1つ以上の部品の障害の組み合わせは、圧倒されるほどの種類になります。

単一障害点を取り除き、（全部ではなくても）ほとんどの障害シナリオが明らかになったら、次の手順は、それらの障害が起こったときにマイクロサービスがグレースフルに復旧できるかどうかをテストして、回復性の有無を判定することです。サービスの回復性は、**コードテスト**、**ロードテスト**、**カオステスト**を通じて徹底的にテストすることができます。

この手順は非常に重要です。複雑なマイクロサービスエコシステムでは、単純に障害を取り除くだけでは不十分あり、部品が障害を起こし始めると、最良の緩和戦略でも、まったく無意味になってしまうことがあります。本当の意味で耐障害性のあるマイクロサービスを作り上げるためには、システムエラーを引き起こす可能性のあるすべてのコンポーネントを本番環境で積極的、反復的、ランダムに壊してみるしかありません。

すべての障害が予測可能ではないので、耐障害性があり大惨事対応のマイクロサービスを作るための最後の手順は、自然と組織的なものになります。障害の検出、緩和戦略を作り、マイクロサービスチーム全体を通じて標準化しなければなりません。また、サービスで起こった新しい障害は、決して再発させないようにするために、回復テストスイートに追加すべきです。マイクロサービスチームには、障害に適切に対処できるような訓練も必要になります。（深刻度にかかわらず）機能停止やインシデントの処理は、技術組織全体で標準化しておかなければなりません。

本番対応サービスは耐障害性があり大惨事対応

- 単一障害点がない。
- あらゆる障害のシナリオと起こり得る大惨事が明らかになっている。
- コードテスト、ロードテスト、カオステストを通じて回復性がテストされている。
- 障害の検出と修正が自動化されている。
- マイクロサービス開発チーム内でも、組織全体でもインシデント、機能停止に対処するための手順が標準化されている。

5.2 単一障害点の除去

障害シナリオを最初に探すべき場所は、個々のマイクロサービスアーキテクチャの中です。サービスのアーキテクチャの中に、障害を起こしたらマイクロサービス全体を停止させてしまうような部品が含まれている場合、それをマイクロサービスの**単一障害点**（SPOF）と呼びます。マイクロサービスアーキテクチャにサービス全体を停止させる可能性のある部品が含まれていてはなりませんが、そういうものが含まれていることは非常に多くあります。実際、現実に動いているマイクロサービスの大半は、**単一**障害点ではなく**複数の**障害点を持っています。

例：単一障害点としてのメッセージブローカー

現実の本番環境に含まれている単一障害点がどのようなものかを理解するために、Redis（メッセージブローカー）とCelery（タスクプロセッサ）の組み合わせを使って分散タスク処理を行うPythonで書かれたマイクロサービスについて考えてみましょう。

たとえば、（タスクを処理する）Celeryワーカーが何らかの理由で壊れて、仕事をすることができなくなったとします。（メッセージブローカーとして機能している）Redisは、ワーカーが修正されたときにタスクを再試行できるので、これは必ずしも障害点ではありません。しかし、ワーカーが停止している間もRedisは動いているので、Redisキューにはタスクが積み上がっていきます。Celeryワーカーが復旧して動き出したときにCeleryワーカーに送られるのを待っているのです。しかし、このマイクロサービスが毎秒数千リクエストを受け付け、**大量の**トラフィックを処理している場合、キューが滞り、Redisマシンのキャパシティの上限に達してしまいます。そうなっていることに気付く前にRedisマシンはメモリを使い切り、タスクを失い始めます。これだけでも十分に問題がありますが、状況は最初の印象よりももっと悪くなる可能性があります。ハードウェアは複数の異なるマイクロサービスで共有されているかもしれないし、メッセージブローカーとしてこのRedisマシンを使っているほかのマイクロサービスは、それぞれのタスクをすべて失ってしまいます。

これ（この例におけるRedisマシン）こそが単一障害点であり、私が開発者たちとともに彼らのマイクロサービスに含まれる単一障害点を探したときに何度も何度も経験した現実に存在する例です。

マイクロサービスの障害点は、実際に障害を起こしたときには簡単に見つかります。マイクロサービスを復旧させるためには、障害点を修正しなければなりません。しかし、マイクロサービスを耐障害性のあるものにして可用性を維持したいと思うなら、障害が起こるのを待っているのは最高のアプローチとは言えないでしょう。機能停止を起こす前に障害点を見つけるためには、マイクロサービス開発チームとともにアーキテクチャレビューを行い、各チームの開発者にそれぞれのマイクロサービスアーキテクチャをホワイトボードに描いてもらって、「マイクロサービスの**この**部品が壊れたらどうなるだろうか」と考えながらアーキテクチャをたどっていけばよいのです（アーキテクチャレビューと単一障害点の関係の詳細については、**「7.3 マイクロサービスの理解」**を参照）。

孤立した障害点はない

マイクロサービスエコシステムでは、異なるマイクロサービス間に複雑な依存関係の連鎖が作られているので、1つのマイクロサービスに含まれている障害点は、依存関係の連鎖に含まれるマイクロサービス全体の障害点になっていることが多く、極端な場合はエコシステム全体の障害点にさえなっています。だからこそ、耐障害性を実現するためには、障害点を見つけ、緩和し、取り除くことが必要不可欠なのです。

単一障害点（または複数の障害点）が見つかったら、その影響を緩和し、可能なら取り除く必要があります。アーキテクチャを練り直してその障害点を完全に取り除き、もっと耐障害性のある部品に交換できれば、問題は解決します。しかし、サービスが障害を起こすルートをいつも全部ふさげるとは限りません。もっとも目立つ障害点でも、取り除けない場合はあります。たとえば、ほかの開発チームではうまく機能するものの、自分たちのサービスでは単一障害点になってしまうようなテクノロジーを使うことが技術組織全体の方針として避けられない場合、それを取り除くことはできないので、障害点が障害を起こしたときのマイナスの影響を緩和する方法を探す以外に、サービスを耐障害性のある状態にするためにできることはありません。

5.3 大惨事と障害のシナリオ

複雑なシステムと大規模分散システムアーキテクチャについて何かわかっていることがあるとすれば、それは障害を起こし得るルートがあればシステムは必ず障害を起こし、発生し得るあらゆる障害はシステムの生涯のどこかの時点でほとんど必ず発生することです。

マイクロサービスは複雑なシステムです。マイクロサービスは大規模分散システム（マイクロサービスエコシステム）の一部であり、この法則の例外ではありません。発生し得る障害と発生し得る大惨事は、マイクロサービスの技術仕様が書き上げられてから、マイクロサービスが非推奨、廃止になるまでのどこかの時点でほぼ確実に発生します。大惨事はしょっちゅう発生しています。データセンターのラックが壊れる、空調システムが壊れる、本番データベースがうっかり削除される（これはほとんどの開発者が認める以上の頻度で起こっています）、自然災害によってデータセンター全体が失われることは、よくあることです。そして、発生し得る障害は必ず発生します。依存関係が障害を起こす、サーバが障害を起こす、ライブラリが破壊、消失する、監視が障害を起こす、（まるで蒸発したかのように）ログが失われることは、必ずあります。

マイクロサービスアーキテクチャからはっきりと目立つ障害点を見つけ出し、影響を緩和したり、（可能なら）完全に取り除いたりすることができたら、次の手順は、自分たちのマイクロサービスに降りかかる**その他の障害シナリオや発生し得る大惨事を明らかにする**ことです。障害や大惨事は、マイクロサービスエコシステムスタックのどこで発生するかによって、ハードウェア障害、インフラストラクチャ障害（通信レイヤとアプリケーションプラットフォームレイヤの障害）、依存関係の障害、内部障害の4つに大きく分類することができます。以下の節では、各カテゴリでもっともよく起こる障害シナリオの一部を詳しく説明しますが、その前に、マイクロサービスエコシステムのすべてのレベルに影響を与える障害の一般的な原因について説明します。

ここで紹介する起こり得る障害のシナリオのリストは網羅的なものではないことに注意してください。このリストの目的は、もっとも一般的なシナリオを示すことを通じて、読者のマイクロサービス、マイクロサービスエコシステムが影響を受けそうな障害、大惨事がどのようなものかを考えるきっかけを作り、関連するテーマが説明されている本書の別の章を読もうと読者に思っていただくことです。ここで示す障害の大半は、本書全体で説明している本番対応の標準を取り入れ、対応する要件を満たすことによって避けられるものです。そこで、ほかの章で取り上げられている障害をここですべて取り上げるようなことはせず、一部の障害に触れるだけに留めています。

5.3.1 エコシステム全体でよく見られる障害

マイクロサービスエコシステムのあらゆるレベルで発生する障害が、いくつかあります。この種の障害は、必ずしも技術的なものではなく、運用上のものである傾向があるため、技術組織内での標準化が何らかの形で不足しているために起こる障害だと言えます。これらの障害を「運用上」と言っているからといって、技術障害よりも重要ではない、危険ではないと言っているわけではないし、これらの障害の解決は技術領域の話ではないのでマイクロサービス開発チームの仕事ではないと言っているわけでもありません。この種の障害は、技術組織内のさまざまなチームの歩調が乱れていることを反映しており、もっとも重大なものになりがちで、技術的にもっとも消耗するような結果をもたらします。この種の障害でもっともよく見られるのは、システムとサービスアーキテクチャの不十分な設計レビュー、不完全なコードレビュー、貧弱な開発プロセス、不安定なデプロイ手続きです。

システムとマイクロサービスアーキテクチャの設計レビューが不十分だと、特に大規模で複雑なマイクロサービスエコシステムでは、設計に問題のあるサービスが作られることになります。これが起こる理由は単純なものです。エンジニアやマイクロサービス開発チームがインフラストラクチャの詳細やエコシステムの4レベルの複雑さを知らないからです。新しいシステムを設計し、新しいマイクロサービスアーキテクチャを決めるときには、将来のシステムやサービスの耐障害性を確保するためにマイクロサービスエコシステムのあらゆるレベルのエンジニアに設計プロセスに関与してもらい、エコシステム全体の複雑な条件のもとでシステムやサービスをどのように構築、運用していくかを決めていくことが、きわめて重要な意味を持っています。しかし、システムやサービスを最初に設計するときにこれを行ったとしても、マイクロサービスエコシステムは非常に速いペースで発展、成長していくので、1、2年もするとインフラストラクチャは実質的に理解不能になってしまうことが多くあります。そこで、技術組織の各部門のエキスパートを定期的に集めてアーキテクチャレビューを行うと、システムやマイクロサービスを最新の状態に保ち、エコシステム全体に適合させるために役に立つでしょう。アーキテクチャレビューの詳細については、「**7.3 マイクロサービスの理解**」を参照してください。

不完全なコードレビューも、よく見られる障害の原因です。この問題はマイクロサービスアーキテクチャに限ったことではありませんが、マイクロサービスアーキテクチャを採用すると、問題が激化することが多いようです。マイクロサービスの導入によって開発者のベロシティが上がると、開発者たちは、会議に出席したり、自分のサービスを実行するためにしておかなければならないその他のあらゆることをしたりしながら、チームメートが新しく書いたコードを毎日何回もレビューしなければならなくなることが多いでしょう。そのため、状況スイッチが絶えず必要になる上に、デプロイ前の自分のコードをレビューする時間すらやっと確保するような状態になり、他人のコードの細部を見るときには注意力が散漫になりやすいでしょう。このようにして、もっとしっかりとコードレビューができていればわかっていたはずのバグが無数に本番環境に入り込み、それらがサービスやシステムの障害を引き起こします。この問題を緩和する方法は複数ありますが、開発者のベロシティが速い環境でこの問題を完全に解決することはできません。個々のシステムやサービスのために充実したテストを書き、個々の変更を本番環境に移す前に徹底的にテストし、デプロイ前にバグが見つからなくても、開発プロセスやデプロイパイプラインのどこかで捕捉できるような仕組みを作ることに注意を払う必要があります。

デプロイパイプラインの話題が出ましたが、マイクロサービスエコシステムで機能停止が起こる大きな原因の1つは、まずいデプロイです。「まずい」デプロイとは、コードにバグが含まれているデプロイ、ビルドエラーが起こるデプロイなどです。開発プロセスが貧弱でデプロイ手続きが不安定だと、本番サービスに障害を起こす問題が入り込むことを許し、問題のあるサービスを依存関係もろとも停止させてしまいます。この種の問題を避けるための第一歩は、コードレビューのための優れた手続きを導入し、コードレビューをしっかり行うとともにチームメートのコードレビューに集中するための時間を十分に確保する文化を定着させることですが、それでも障害の多くは見つからないままになるでしょう。もっとも優秀なコードレビューアでも、さらにテストを行わなければコード変更や新機能が本番環境でどのようにふるまうかを正確に予測することはできません。システムやサービスが停止してしまう前に障害を捕捉するための唯一の方法は、安定性、信頼性を備えた開発プロセスとデプロイパイプラインを構築することです。そのような開発プロセスとデプロイパイプラインを構築するための詳細は、「**3章　安定性と信頼性**」を参照してください。

まとめ：エコシステム全体でよく見られる障害

マイクロサービスエコシステムのあらゆるレベルでもっともよく起こる問題は、次の通りです。

- システムとマイクロサービスアーキテクチャの不十分な設計レビュー
- 不完全なコードレビュー
- 貧弱な開発プロセス
- 不安定なデプロイ手続き

5.3.2 ハードウェア障害

スタックの最下位レイヤには、ハードウェアがあります。ハードウェアレイヤは、すべてのインフラストラクチャコードとアプリケーションコードが実行される物理コンピュータとサーバが収納されるラック、サーバが実行されるデータセンターから構成され、クラウドプロバイダの場合はリージョンやアベイラビリティゾーンも含まれます。ハードウェアレイヤには、オペレーティングシステム、リソースの分離と抽象化、構成管理、ホストレベルの監視、ホストレベルのロギングも含まれます（マイクロサービスエコシステムのハードウェアの詳細については、「**1章　マイクロサービス**」を参照）。

このレイヤでは多くの障害が起こり、（障害だけではなく）大惨事がもっとも大きな影響を与えるのもこのレイヤです。ハードウェアは、エコシステムでもっともデリケートなレイヤでもあります。ハードウェアが障害を起こし、代わりになるものがなければ、技術組織全体が機能しなくなってしまいます。ここで起こる大惨事は、純粋なハードウェア障害です。マシンが壊れるか、壊れないまでも何らかの不具合を起こす、ラックが落ちる、データセンター全体が機能を失うといったことです。こういった大惨事は、我々が考えるよりも頻繁に起こります。マイクロサービスエコシステムを耐障害性のあるものにして、個別のマイクロサービスを耐障害性があり大惨事対応にするためには、これらの障害が起こったときのための計画を立て、障害の影響を緩和し、障害からシステムを守る必要があります。

このレイヤに属するマシン上に位置するあらゆるものも、障害を起こすことがあります。マシンで何かを実行するためにはマシンをプロビジョニングしなければなりませんが、そのプロビジョニングに失敗すれば、新しいマシンを（場合によっては古いマシンも）使うことはできません。リソースの分離やリソースの抽象化と割り当てをサポートするテクノロジー（前者の例としてはDocker、後者の例としてはMesosやAurora）を使うマイクロサービスも、障害を起こしたり止まったりすることがあります。これらのテクノロジーが障害を起こせば、エコシステム全体が止まります。構成管理や構成変更の問題により起こる障害も非常に多く、問題点を探し出すのが難しいことも多いでしょう。監視やロギングも悲惨な状態になることがあり、ホストレベルの監視やロギングが何らかの形で故障すると、問題緩和のために必要なデータが得られなくなるので、機能停止のトリアージが不可能になります。（内部、外部両方の）ネットワーク障害も発生します。最後に、重要なハードウェアコンポーネントのダウンタイムは、組織全体に適切に伝えてある場合でも、エコシステム全体の機能停止を招くことがあります。

まとめ：ハードウェアでよく見られる障害シナリオ

ハードウェアでよく見られる障害の一部を挙げると、次のようになります。

- ホストの障害
- ラックの障害
- データセンターの障害
- クラウドプロバイダの障害
- サーバプロビジョニングの障害
- リソースの分離、抽象化のためのテクノロジーの障害
- 構成管理の破綻
- 構成変更による障害
- ホストレベルの監視の障害とギャップ
- ホストレベルのロギングの障害とギャップ
- ネットワーク障害
- 運用上のダウンタイム
- インフラストラクチャの冗長性不足

5.3.3 通信レベルとアプリケーションプラットフォームレベルの障害

マイクロサービスエコシステムの第2、第3レイヤは、通信、アプリケーションプラットフォームレイヤです。これらのレイヤは、ハードウェアとマイクロサービス間に位置し、エコシステムを1つにつなぎ合わせる接着剤として両者の橋渡しをします。通信レイヤには、ネットワーク、DNS、RPCフレームワーク、エンドポイント、メッセージング、サービス検出、サービスレジストリ、負荷分散が含まれます。アプリケーションプラットフォームレイヤは、セルフサービス開発ツール、開発環境、テスト/パッケージング/リリース/ビルドツール、デプロイパイプライン、マイクロサービス

レベルロギング、マイクロサービスレベル監視などから構成されます。どれも、毎日マイクロサービスエコシステムを実行、構築するために必要不可欠なものです。マイクロサービスエコシステムの開発、メンテナンスのあらゆる側面は、これらのシステムが障害を起こさず円滑に動作することが前提となって初めて成立するものなので、ハードウェアレイヤの障害と同様に、これらのレベルの障害は組織全体に影響を与えます。それでは、これらのレイヤでよく起こる障害の一部を見てみましょう。

通信レイヤで特によく起こるのは、ネットワーク障害です。ネットワーク障害には、RPCが行われる内部ネットワーク障害と外部ネットワーク障害の両方が含まれます。ネットワーク関連の障害には、ファイアウォールや不適切なiptablesエントリによるものもあります。DNS障害も多いでしょう。DNS障害が起こると、通信は完全に止まります。そして、DNSのバグは診断が困難です。デリケートなマイクロサービスエコシステムをつなぎとめる接着剤である通信のRPCレイヤも、（悪名高い）障害の発生源の1つで、マイクロサービスと内部システムをつなぐチャネルが1つしかないときには特によく問題を起こします。RPCと健全性チェックとでチャネルを分けて、サービス間のデータの受け渡しを処理するチャネルから健全性チェックと関連する監視を切り離せば、この問題を少し緩和できます。（この章の前の方で示したRedis-Celeryの例のように）メッセージングシステムが壊れることもあります。メッセージングキュー、メッセージブローカー、タスクプロセッサは、マイクロサービスエコシステムの中でバックアップや代替サービスなしで使われていることが多く、これらに依存するすべてのサービスを止める恐ろしい障害点になることがあります。サービス検出、サービスレジストリ、負荷分散の障害も発生する可能性があり、実際に発生します。システムのこれらの部分が壊れたり、ダウンタイムを起こしたりすると、トラフィックは適切にルーティング、配分、分散されなくなります。

アプリケーションプラットフォーム内での障害は、技術組織が開発プロセスやデプロイパイプラインをどのように設定したかによって決まる部分が多くなりますが、それでも原則として、エコシステム内のほかのすべてと同じような頻度、同じような深刻度で障害を起こします。開発者が新機能を作ったり既存のバグを修正しようとしたりしたときに、開発ツールや開発環境の動作が間違っていれば、本番システムにバグや新しい障害が持ち込まれることになります。テスト、パッケージング、ビルド、リリースのパイプラインの誤りや欠点についても、同じことが言えます。パッケージやビルドがバグを含んでいたり、適切に作られていなかったりすれば、デプロイは失敗します。デプロイパイプラインがなかったり、バグが多かったり、動かなかったりすれば、デプロイは止まり、新機能だけではなく、本番稼働しているバグの重要な修正までデプロイできなくなってしまいます。最後に、個別のマイクロサービスの監視やロギングにギャップや障害が含まれていれば、問題のトリアージやロギングが不可能になります。

まとめ：通信、アプリケーションプラットフォームでよく見られる障害のシナリオ

通信、アプリケーションプラットフォームでよく見られる障害の一部を挙げると、次のようになります。

- ネットワーク障害
- DNS障害
- RPC障害
- リクエスト、レスポンスの不適切な処理
- メッセージングシステムの障害
- サービス検出とサービスレジストリの障害
- 不適切な負荷分散
- 開発ツールや開発環境の障害
- テスト、パッケージング、ビルド、リリースパイプラインの障害
- デプロイパイプラインの障害
- マイクロサービスレベルのロギングの障害、ギャップ
- マイクロサービスレベルの監視の障害、ギャップ

5.3.4 依存関係の障害

マイクロサービスエコシステムの最上位レベル（マイクロサービスレイヤ）の障害は、(1) マイクロサービス自身の中に原因があるマイクロサービス内部の障害、(2) マイクロサービスの依存関係に原因があるマイクロサービスの外部の障害の2つに分類できます。この第2のカテゴリの障害を先に見てみましょう。

下流のマイクロサービス（依存関係）の障害や機能停止は非常によく起こることで、マイクロサービスの可用性に劇的な影響を与えます。適切な防御がなければ、依存関係の連鎖に含まれる1個のマイクロサービスが停止するだけで、その上流にあるすべてのクライアントがともに停止してしまう場合があります。しかし、マイクロサービスが上流のクライアントの可用性にマイナスの影響を与えるルートは、本格的な機能停止だけに限りません。ワンナインかツーナインだけ、SLAを満たし損ねるだけで、上流のクライアントマイクロサービスの可用性はどれも大きく下がるでしょう。

SLAを満たせないときの本当のコスト

マイクロサービスのために上流のクライアントがSLAを満たせなくなることがあります。サービスの可用性がワンナインかツーナインだけ下がると、上流のクライアントは、数学の仕組み通りの影響を受けます。マイクロサービスの可用性は、自身の可用性に下流の依存関係の可用性を掛けた積です。SLAを満たしていないということは重要な（そして見逃されやすい）障害**であり**、そのサービスに依存するほかのすべてのサービス（それらのサービスに依存するサービスも含む）の可用性を引き下げる障害でもあります。

依存関係関連の障害としては、ほかのサービスに対するタイムアウト、依存関係のAPIエンドポイントの非推奨、廃止（上流のすべてのクライアントに対して非推奨、廃止を知らせていない場合）、マイクロサービス全体の非推奨、廃止などもあります。また、マイクロサービスアーキテクチャでは、内部ライブラリやマイクロサービスのバージョニング、内部ライブラリ、サービスの特定のバージョンの指定は、マイクロサービス開発のペースの速さから考えて、バグや（極端な場合は）深刻な障害の原因になりがちなので、避けるべきだとされています。これらのライブラリやサービスは絶えず変化しており、（この種のサービスやライブラリ全般をバージョン管理した上で）特定のバージョンを指定すると、開発者は安定性、信頼性に欠け、場合によっては安全性にも問題があるバージョンを使うことになる危険性があります。

外部サービス（サードパーティサービス、ライブラリ）も障害を起こすことがあり、実際に起こっています。これらは、社内の開発者からはほとんど何もできないので、内部サービスよりも障害の検出、修正が難しくなる場合があります。サードパーティサービス、ライブラリに依存することによる複雑さは、マイクロサービスのライフサイクルの最初からこういったシナリオが予測されていれば、適切に処理できます。どうしても必要でない限り外部サービスを使わないようにするとともに、使う場合は評価が確立し、安定している外部サービス、ライブラリを選び、外部サービスが単一障害点にならないようにしなければなりません。

まとめ：依存関係でよく見られる障害のシナリオ

依存関係でよく見られる障害の一部を挙げると、次のようになります。

- 下流の（依存する）マイクロサービスの障害や機能停止
- 内部サービスの機能停止
- 外部（サードパーティ）サービスの機能停止
- 内部ライブラリの障害
- 外部（サードパーティ）ライブラリの障害
- SLAを満たしていない依存関係

5.3.5 内部（マイクロサービス自体の）障害

マイクロサービスエコシステムスタックの最上位は、個々のマイクロサービスです。マイクロサービス自体の障害は、開発やデプロイの実践がよいものかどうか、開発チームが個々のマイクロサービスをどのように設計、実行、メンテナンスしているかによって左右される障害であり、マイクロサービス開発チームにとってはもっとも大きな意味を持つ障害です。

マイクロサービスレイヤの下のインフラストラクチャが比較的安定している場合、マイクロサービスのインシデントや機能停止の大多数は、自身の問題のために起こっています。オンコールで呼び出された開発者は、ほとんど必ず自分のマイクロサービスに根本原因がある問題、障害のために呼び出されています。つまり、彼らが受け取るアラートは、マイクロサービスの主要メトリックの変化によって生成されるだろうということです（主要メトリックについては、「6章　監視」を参照）。

コードレビューが不完全で、テストカバレッジが適切でなく、開発プロセスが全体的に貧弱だと（具体的には、標準化された開発サイクルがないと）、バグの多いコードが本番環境にデプロイされてしまいます。こういった障害は、マイクロサービスチーム全体で開発プロセスが標準化されていれば避けられるはずのものです。本番サーバにコード変更が完全に展開される前にエラーを捕捉するための、ステージング、カナリア、本番フェーズを持つ安定性、信頼性を備えたデプロイパイプラインがなければ、開発フェーズのテストで見つからなかった問題が、マイクロサービス自体、クライアント、マイクロサービスに依存するエコシステム内のその他の部分で重大なインシデントや機能停止を引き起こす可能性があります。

データベース、メッセージブローカー、タスク処理システムなど、マイクロサービスアーキテクチャに固有の部品が、ここで障害を起こすこともあります。マイクロサービス内部の一般的、限定的なバグや、例外の処理が不適切なために障害が起こることもあります。未処理例外や例外処理のまずさは、マイクロサービスが障害を起こしたときに見過ごされがちな犯人の1つです。最後に、予想外の成長に対する準備ができていなければ、トラフィックの増加のためにサービスが障害を起こすことがあります（スケーラビリティの問題については、「**4章　スケーラビリティとパフォーマンス**」を読んでから、「**5.4.2　ロードテスト**」を参照）。

まとめ：マイクロサービスでよく見られる障害のシナリオ

マイクロサービスでよく見られる障害の一部を挙げると、次のようになります。

- 不完全なコードレビュー
- アーキテクチャ、設計のまずさ
- 適切な単体テスト、統合テストの欠如
- デプロイのまずさ
- 適切な監視の欠如
- エラー、例外処理のまずさ
- データベース障害
- スケーラビリティの低さ

5.4 回復性テスト

単一障害点を取り除き、発生し得る障害や大惨事のシナリオを明らかにするだけでは、マイクロサービスの耐障害性と大惨事対応を確実なものにすることはできません。本当の意味で耐障害性のあるものにするためには、マイクロサービスが実際に障害を起こしても、自身、クライアント、マイクロサービスエコシステム全体の可用性に影響を及ぼさずに、グレースフルに修正できるようにしなければなりません。マイクロサービスを耐障害性のあるものにするための唯一最高の方法は、影響を受けそうなあらゆる障害シナリオを網羅し、本番環境で積極的、反復的、ランダムにそれらを使ってマイクロサービスに障害を起こさせる**回復性テスト**（resiliency test）です。

回復性の高いマイクロサービスとは、マイクロサービスエコシステムのあらゆるレイヤの障害から回復できるマイクロサービスです。ハードウェアレイヤ（たとえば、ホストやデータセンターの障害）、通信レイヤ（たとえば、RPCの障害）、アプリケーションプラットフォームレイヤ（たとえば、デプロイパイプラインの障害）、マイクロサービスレイヤ（たとえば、依存関係の障害、まずいデプロイ、トラフィックの急増）に対応できなければなりません。

この章で取り上げる回復性テストの最初の種類は、**コードテスト**です。コードテストは、マイクロサービスの構文とスタイル、マイクロサービスのコンポーネント、コンポーネントを組み合わせたときの動作、複雑な依存関係の連鎖の中でのマイクロサービスの動作をチェックする4種類のテストから構成されます（通常、コードテストは回復テストスイートの一部とは考えられていません。しかし、コードテストは耐障害性と大惨事対応を確保するためにきわめて重要です。そして、開発チームは、テストについての情報は1つにまとめておいてほしいと思うようです。この2つの理由から、私はここで取り上げたいと思っています）。第2の種類は、マイクロサービスに通常よりも高い負荷を与えて、トラフィックが増加したときの動作をチェックする**ロードテスト**です。第3の種類は、本番環境でマイクロサービスに障害を起こさせる**カオステスト**で、回復性テストの中ではもっとも重要な種類です。

5.4.1 コードテスト

回復性テストの第1の種類は、すべての開発者、運用エンジニアがよく知っている**コードテスト**です。マイクロサービスアーキテクチャでは、エコシステムのすべてのレイヤでコードテストを実行する必要があります。マイクロサービスに加え、その下のレイヤに属するサービス検出、構成管理、その他すべての関連システムのために適切なコードテストを用意しなければなりません。優れたコードテストは、**lintテスト**、**単体テスト**、**統合テスト**、**エンドツーエンドテスト**の4つの種類から構成されています。

5.4.1.1 lintテスト

構文とスタイルのエラーは、**lintテスト**で捕捉します。lintテストはコードを対象に実行され、言語固有の問題を捕捉します。コードが言語固有のスタイルガイドライン（チーム固有、組織固有のガイドラインを含めることもあります）に従っているかどうかを確認するように作ることもできます。

5.4.1.2 単体テスト

コードテストの大部分は、マイクロサービスのコードのさまざまな部品（ユニット）に対して実行される小さくて独立したテストである**単体テスト**（ユニットテスト）が担っています。単体テストの目標は、サービス自体のソフトウェアコンポーネント（たとえば関数、クラス、メソッド）にバグがなく、回復性があることを確認することです。残念ながら、多くの開発者は、自分のアプリケーションやマイクロサービスのテストを書くときにしか単体テストのことを考えません。単体テストはよいものですが、本番環境でマイクロサービスが実際にどのようにふるまうかを評価することはできません。

5.4.1.3 統合テスト

単体テストがマイクロサービスの小さな部品を評価してコンポーネントに回復性があることを確かめるものですが、コードテストの次の種類である**統合テスト**は、サービス全体がどのように動作するかをテストします。統合テストでは、（単体テストで個別にテスト済みの）マイクロサービスの小さなコンポーネントをすべて結合し、マイクロサービスを実際に全体として動かしたときに期待通りに動作することを確かめます。

5.4.1.4 エンドツーエンドテスト

モノリシックなスタンドアロンのアプリケーションでは、単体テストと統合テストだけで回復性テストのコードテストとしては十分なことが多いですが、マイクロサービスアーキテクチャには、マイクロサービスとクライアント、依存関係の複雑な依存の連鎖があるので、コードテストの複雑度にも新しいレベルが必要になります。クライアントや依存関係でマイクロサービスの動作を評価する**エンドツーエンドテスト**という新しいテストセットを、コードテストスイートに含めなければなりません。エンドツーエンドテストは、実際の本番トラフィックと同じように、マイクロサービスのクライアント、マイクロサービス自身、さらにマイクロサービスの依存関係のエンドポイントに順次アクセスし、データベースに読み取りリクエストを送って、コード変更によってリクエストフローに持ち込まれたかもしれない問題を捕捉します。

5.4.1.5 コードテストの自動化

4種類のコードテスト（lintテスト、単体テスト、統合テスト、エンドツーエンドテスト）はすべて開発チームで書くべきですが、テストの実行は、開発サイクルとデプロイパイプラインの一部として自動化しておきたいものです。単体テスト、統合テストは、開発サイクルの一部として、コード変更がコードレビュープロセスを通過した直後に外部ビルドシステムで実行します。単体テスト、統合テストに合格しなかったコード変更は、本番候補としてデプロイパイプラインに流してはなりません。開発チームで問題を修正するのです。新しいコード変更がすべての単体テスト、統合テストに合格したら、本番候補としてデプロイパイプラインに送ります。

コードテストのまとめ

コードテストの4つのタイプは、次の通りです。

- lintテスト
- 単体テスト
- 統合テスト
- エンドツーエンドテスト

5.4.2 ロードテスト

「4章　スケーラビリティとパフォーマンス」で説明したように、本番対応のマイクロサービスは、スケーラブルでパフォーマンスが高くなければなりません。同時に大量のタスク、リクエストを処理できるだけでなく、それらを効率よく処理でき、将来のタスクやリクエストの増加に対する備えがなければなりません。トラフィック、タスク、リクエストの増加に対する備えがないマイクロサービスは、これらが徐々に、あるいは急激に増加したときに、深刻な機能停止を引き起こす危険性があります。

マイクロサービス開発チームは、自分のマイクロサービスに対するトラフィックが将来のどこかの時点で増えそうだということをわかっており、トラフィックが正確にどれくらい増えるかまでわかっている場合さえあります。問題や障害を避けるために、このようなトラフィックの増加には万全の備えで臨みたいものです。それに加え、マイクロサービスをスケーラビリティの限界まで追い込んでみなければわからないようなボトルネックや課題も明らかにしたいものです。スケーラビリティの不足によるインシデントや機能停止からシステムを守り、将来のトラフィックの増加に万全な備えで臨むためには、**ロードテスト**を使ってサービスのスケーラビリティをテストすべきです。

5.4.2.1 ロードテストの基礎

ロードテストは、名前から想像できる通りのことをします。決められた負荷のもとでマイクロサービスの動作をテストするのです。テストする負荷を選び、その負荷のもとでマイクロサービスを実行し、マイクロサービスの動作を細かく監視します。ロードテスト中にマイクロサービスが障害や問題を起こしたら、開発者はその原因となったスケーラビリティの問題を解決することができます。対処していなければ、将来マイクロサービスの可用性が損なわれていたかもしれないような問題を避けられるのです。

ロードテストでは、「4章　スケーラビリティとパフォーマンス」で説明した成長の判断基準やリソースの要件とボトルネックの理解が役に立ちます。開発チームは、マイクロサービスの質的な成長の判断基準とそれに対応するビジネスメトリックから、マイクロサービスが将来のために処理できるようにしておかなければならないトラフィックがどれくらいかを知ることができます。量的な成長の判断基準から、サービスが処理しなければならないRPS、QPSなどが正確にわかります。そして、マイクロサービスのリソースの要件とボトルネックの大部分がわかり、ボトルネックを取り除いてあれば、量的な成長の判断基準（および、その結果わかる将来のトラフィック増加の量的側面）に基づき、高くなった負荷を処理するために、マイクロサービスが必要とするハードウェアリソースがどのくらいかを計算できます。

逆に、ロードテストは質的、量的な成長の判断基準を明らかにし、リソースの要件やボトルネックを見つけ、将来のキャパシティのニーズを明らかにして準備するといったことにも使うことができます。うまく行えば、ロードテストからマイクロサービスのスケーラビリティ（およびスケーラビリティの限界）について深い知見が得られます。ロードテストは、特定の負荷がかかるように制御された環境のもとで、マイクロサービスとその依存関係、エコシステム全体がどのように動作するかを計測できます。

5.4.2.2 ステージング、本番環境でのロードテストの実行

ロードテストは、デプロイパイプラインの各ステージで実行すると、もっとも効果的です。デプロイパイプラインのステージングフェーズでロードテストを実行すると、ロードテストフレームワーク自体をテストし、テストトラフィックに期待した通りの結果を生み出させ、本番環境でロードテストを実行したら起こっていたはずの問題を捕捉することができます。デプロイパイプラインが部分ステージングを採用しており、ステージング環境が本番サービスと通信する場合には、ステージング環境で実行されたロードテストが通信している本番サービスの可用性を損ねないように注意する必要があります。デプロイパイプラインが本番環境の完全なミラーコピーである完全ステージングを使っており、ステージングサービスが本番サービスと通信しない場合、特にステージング環境と本番環境にホストパリティがない場合には、完全ステージング環境におけるロードテストが正確な結果を生むように特に注意する必要があります。

ロードテストは、ステージング環境だけで実行したのでは不十分です。最高のステージング環境（本番環境の完全なミラーコピーで完全なホストパリティがあるもの）でも、本番環境ではありません。ステージング環境は現実世界ではなく、ステージング環境のロードテストから本番環境でロードテストを行った結果を完全に導き出せることはまずありません。ステージング環境でロードテストを実施済みで、テストすべき負荷がわかっており、依存関係チームのオンコールローテーションに当たっている

人々にアラートを送ったら、本番環境でロードテストを実行することが絶対に必要です。

ロードテスト実施時の依存関係へのアラート

ロードテストがほかの本番サービスにリクエストを送る場合、ロードテスト実行中に依存関係の可用性が損なわれないように、すべての依存関係に必ずアラートを送るようにすべきです。これから送ろうとしているトラフィックを下流の依存関係が処理できることを当然と考えてはなりません。

本番環境でのロードテストは危険であり、マイクロサービスや依存関係は簡単に壊れることがあります。ロードテストが危険だという理由は、ロードテストが必要不可欠だという理由と同じです。ほとんどの場合、テストの負荷を与えたときにテスト対象のサービスがどのように動作するかが正確にわからないからです。サービスが本番環境で限界に達して、システムの一部が壊れ始めたら、ロードテストをただちに終了するための自動化が必要です。サービスの限界が見つかり、限界が緩和され、修正コードがテスト、デプロイされたら、ロードテストを再開するようにします。

5.4.2.3 ロードテストの自動化

社内のすべてのマイクロサービスで（あるいは、ごく少数のビジネスクリティカルなマイクロサービスだけだとしても）ロードテストが必要だということになり、ロードテストの実装とメソドロジを開発チームに委ね、彼らが自分で設計、実行するのに任せていれば、システムに新たな障害点を導入することになります。セルフサービスのロードテストのツールやシステムは、マイクロサービスエコシステムのアプリケーションプラットフォームの一部にして、開発者には、信頼、共有、自動化され、一元管理されているサービスを使わせるようにすべきです。

ロードテストは定期的にスケジューリングし、技術組織の日常業務と不可欠なコンポーネントとして扱いたいものです。スケジュールは、トラフィックパターンに結び付けるべきです。サービスの可用性が損なわれるのを避けるために、本番環境に負荷をかけるのはトラフィックが少ないときにして、ピーク時にそんなことをしないようにしましょう。一元管理されたセルフサービスのロードテストシステムが使われている場合、すべてのサービスが実行できる信頼された（そして必須とされた）テストとともに、新しいテストを確認する自動プロセスを用意しておくと驚くほど役に立ちます。セルフサービスのロードテストツールが信頼性を備えているときには、極端な場合、ロードテストのもとでマイクロサービスが十分なパフォーマンスを出せないようなら、デプロイをブロック（またはゲート）しても構いません。何よりも大切なのは、ロードテストを実行するときには十分なログを取り、社内に広く知らせて、ロードテストによる問題がすぐに検出、緩和、解決されるようにすることです。

ロードテストのまとめ

本番対応のロードテストは、次の特徴を備えています。

- 質的、量的な成長の判断基準を使って計算し、RPS、QPS、TPS単位で表現される負荷を使う。
- デプロイパイプラインの各ステージで実行する。
- 実行するときには、すべての依存関係に情報を伝える。
- 完全に自動化され、ログが残され、スケジュールが決められている。

5.4.3 カオステスト

この章では、スタックの各レイヤで発生し得るさまざまな障害シナリオと大惨事について説明しました。そして、コードテストを使って個別のマイクロサービスレベルで小さな障害を捕捉し、ロードテストを使ってマイクロサービスレベルでのスケーラビリティの限界に起因する障害を捕捉する方法を説明しました。しかし、障害や大惨事のシナリオの大多数は、エコシステムのどこか別の場所で起こっており、それらはこの種のテストでは捕捉できません。**あらゆる**障害シナリオをテストし、大惨事が起こってもマイクロサービスがグレースフルに回復できるようにするために準備しておかなければならないもう1つの種類の回復性テストがあり、それは**カオステスト**と呼ばれています（非常に適切な名前です）。

カオステストは、本番稼働しているマイクロサービスを積極的に**停止させます**。障害を起こしてもマイクロサービスが生き残れるようにするためには、絶えずあらゆる方法でマイクロサービスを障害に追い込む以外に方法はありません。つまり、あらゆる障害シナリオと発生し得る大惨事を明らかにした上で、本番環境で強制的にそれらを発生させる必要があるということです。スケジュールを立てて障害や大惨事の個々のシナリオをランダムに発生させると、現実に起こる複雑なシステム障害を真似ることができます。開発者たちは、定期的にシステムの一部で障害が発生させられることを意識し、そういったカオスの実行に対する準備をするようになります。定期的にランダムに実行されるテストに隙をつかれることもあります。

責任のあるカオステスト

カオステストは、エコシステム全体を停止させないようにしっかりと制御しなければなりません。カオステストソフトウェアに適切な許可を与え、あらゆるイベントのログをしっかりと取るようにして、マイクロサービスをグレースフルに回復できなくなったとき（またはカオステストが悪質化したとき）に、本格的な探索作業をしなくても問題点を見つけて解決できるようにする必要があります。

ロードテスト（および本書で取り上げるほかのシステムの多く）と同様に、カオステストは、開発チームごとに異なる方法で実装するのではなく、サービスとして提供するようにします。テストは自動化し、すべてのマイクロサービスが汎用テストとサービス専用テストの両方が含まれるテストスイートを実行することを義務化し、開発チームが自分のサービスの新たなシナリオを見つけることを奨励し、その新しいシナリオでマイクロサービスを障害に追い込む新しいカオステストを設計するためのリソースを提供しましょう。（カオステストサービスを含む）エコシステムのすべての部分がカオステストの標準セットを実行しても生き残るようにするとともに、すべての開発、インフラストラクチャチームが自分たちのサービスやシステムは不可避的に起こる障害に耐えられるという自信を持てるようになるまで、個々のマイクロサービスやインフラストラクチャの部品を何度も繰り返し壊すようにしましょう。

最後に、クラウドプロバイダ上にホスティングとしている企業の声がもっとも大きくもっとも一般的ではありますが、カオステストは、そういった企業だけのものではないということを言っておきます。ベアメタルとクラウドプロバイダのハードウェアとの間で障害モードの違いはほとんどありません。クラウドで実行するために作られたテストは、ベアメタルでも同じようにうまく機能します（逆も同様）。Simian Army（カスタマイズ可能なカオステストの標準スイート）のようなオープンソースソリューションは、大多数の企業で役に立ちます。しかし、特別なニーズがある企業でも、専用のテストを簡単に作ることができます。

> **カオステストの例**
>
> カオステストの一般的な種類は、次のようなものです。
>
> - マイクロサービスの依存関係の1つのAPIエンドポイントを無効化する。
> - 依存関係に対するすべてのトラフィックリクエストを止める。
> - ネットワーク障害を真似るために、クライアントと依存関係の間、マイクロサービスと共有データベースの間、マイクロサービスと分散タスク処理システムの間など、エコシステムのさまざまな部品の間にレイテンシを挟む。
> - データセンターやリージョンに対するすべてのトラフィックを止める。
> - 1台のマシンをシャットダウンして、ランダムにホストを取り除く。

5.5 障害の検出と修正

本番対応のあるマイクロサービスは、すでにわかっている障害や大惨事に対する耐久性をテストする回復性テストスイートを整備するだけではなく、実際に障害が起こったときに**障害を検出、修正するための戦略**を準備しておかなければなりません。インシデントや機能停止をトリアージ、緩和、解決するためのエコシステム全体を対象とする組織的なプロセスについてはすぐあとで示すつもりですが、その前に、この節では技術的な緩和戦略をいくつか紹介します。

実際に障害が起こったときの障害検出、修正作業の目標は、いつでも**ユーザに対する影響を最小限に抑える**ことでなければなりません。マイクロサービスエコシステムでは、「ユーザ」とはサービスを使うあらゆる存在です。これはほかのマイクロサービス（サービスのクライアント）かもしれないし、対象のサービスがユーザインターフェイスになっている場合は実際の製品のユーザかもしれません。対象の障害が新しいデプロイによって本番環境に持ち込まれたものの場合には、問題が起こったときにユーザへの影響をもっとも効果的に抑えられる方法は、ただちにサービスの最後の安定ビルドにロールバックすること以外にはありません。最後の安定ビルドにロールバックすると、マイクロサービスは、最新ビルドによって持ち込まれた障害や大惨事の影響を受けない既知の状態に戻ります。低水準の構成の変更にも同じことが当てはまります。構成情報をコードのように扱い、さまざまな連続的なリリースでそれをデプロイし、構成変更によって機能停止が起こった場合には、労せずすぐにシステムを安定した構成のもとに戻せるようにするのです。

障害が起こったときの第2の戦略は、安定した代替物へのフェイルオーバーです。たとえば、マイクロサービスの依存関係の1つが停止したら、(エンドポイントが壊れた場合) 別のエンドポイントや (サービス全体が停止した場合) 別のサービスにリクエストを送ります。ほかのサービスやエンドポイントにルーティングすることができない場合には、リクエストをキューイング、または保存して、依存関係の障害が緩和されるまでリクエストを残しておく方法が必要になります。問題が1つのデータセンターだけで起こっている場合や、データセンター自体が障害を起こしている場合は、安定した代替物へのフェイルオーバーの方法は、トラフィックを別のデータセンターに再ルーティングすることです。障害を処理する方法がさまざまで、その中にほかのサービスやデータセンターへのトラフィックの再ルーティングという選択肢が含まれている場合には、ほとんど必ずそれが最良の方法です。トラフィックの再ルーティングは簡単で、ユーザへの影響をすぐに緩和できます。

大切なのは、「障害の検出と修正」の検出の部分は、本番対応の監視 (監視の詳細については「**6章 監視**」を参照) でなければ実現できないことです。人間はシステムの障害を見つけたり診断したりすることが恐ろしく不得手であり、障害検出プロセスにエンジニアを投入すると、それがシステム全体の単一障害点になります。これは障害の修正にも当てはまります。大規模なマイクロサービスエコシステムの大半の修正作業は、エンジニアが手作業で手動の苦痛に満ちた方法で行っており、それがまた新しい障害点を導入します。しかし、方法はそれだけではありません。障害修正作業でヒューマンエラーが起こる危険性を取り除くためには、障害の緩和方法をすべて自動化する必要があります。たとえば、デプロイ後にサービスが何らかの健全性チェックで不合格になったり、主要なメトリックが警告/危険のしきい値を越えたりしたら、自動的に最後の安定ビルドにロールバックするようにシステムを設計します。ほかのエンドポイント、マイクロサービス、データセンターへのルーティングでも同じことが当てはまります。主要メトリックが特定のしきい値を越えたら、自動的にトラフィックをルーティングするようにシステムを設計します。耐障害性では、可能な限り、アーキテクチャと自動化を通じてヒューマンエラーの可能性を取り除くことが絶対に必要とされます。

5.6 インシデントと機能停止

本書全体を通じて、私は標準化の目標としてマイクロサービスとエコシステム全体の可用性を重視してきました。高可用性を目標とするマイクロサービスアーキテクチャの設計、構築、実行は、本番対応の標準を取り入れ、関連する要件を満たしていけば実現できます。私が本番対応の標準を選び、説明してきたのはそのためです。しかし、個別のマイクロサービスとエコシステムの個々のレイヤを耐障害性があり大惨事対応にしただけでは、まだ不十分です。マイクロサービスとそれを支えるエコシステムを担当する開発チームと技術組織は、インシデントや機能停止が実際に起こったときに、それらを処理するための組織的な対策手続きを用意していなければなりません。

マイクロサービスが停止するたびに、その可用性は下がっていきます。マイクロサービスかエコシステムの一部が障害を起こし、インシデントか機能停止が起こると、停止している時間が延びるたびに可用性は下がっていき、やがてSLAを満たせなくなります。SLAを満たすことができず、可用性の目標を達成できなければ、大きなコストがかかります。ほとんどの会社では、機能停止は会社にとって莫大な金銭的損失になり、その額は簡単に定量化でき、社内の開発チームと共有できます。このことを考えれば、障害の原因を見つけるためにかかる時間、機能停止の影響の緩和、解決のためにかかる時間は、マイクロサービスのアップタイム（そしてその可用性）を引き下げるものであり、あっという間に会社にかかる金銭的コストとして積み上がることは簡単にわかるでしょう。

5.6.1 適切な分類

すべてのマイクロサービスが同じように作られているわけではないので、マイクロサービスの障害がビジネスに与える影響や重要度に基づいてマイクロサービスを分類しておけば、インシデントや機能停止が起こったときに適切にトリアージし、影響を緩和、解決するために役に立つでしょう。エコシステムが数百、あるいは数千ものマイクロサービスを抱えており、毎週数十から数百もの障害が起こるなら、マイクロサービスのうちの10%だけが障害を起こすのだとしても、千個のサービスを抱えるエコシステムは、100を超える障害を起こすことになります。オンコールローテーションに当たったエンジニアはすべての障害に適切に対処しなければなりませんが、すべての障害に緊急の総力体制で対処しなければならないわけではありません。

社内全体を通じて首尾一貫し、適切で効果的で、効率的なインシデント、機能停止対応プロセスを行うためには、2つのことが大切です。まず第1に、障害がエコシステムにどのような影響を与えるかに基づいてマイクロサービスを分類すると、さまざまなインシデントや障害の中でどれに優先して対処すべきかが簡単にわかります（エンジニアリングリソースとハードウェアリソースの両方のリソースをめぐる、社内の競争に関連した障害の解決にも役立ちます）。

5.6.1.1　マイクロサービスの分類

リソースをめぐる競争を緩和し、適切なインシデント対応を取るために、エコシステムに含まれる個々のマイクロサービスをビジネスにとっての重要度に基づいて分類し、ランク付けすることは可能であり、実際にランク付けすべきです。最初は、それほど完璧なものでなくて構いません。大まかな分類の指示があれば、かなり効果があります。ここでのポイントは、ビジネスにとって重要な意味を持つマイクロサービスに優先度と影響力が最高レベルだというマークを付け、ほかのマイクロサービスには、もっとも重要なサービスとの距離に基づいてそれよりも低いランク、優先度を付けることです。インフラストラクチャレイヤは、常に最高の優先度となります。ビジネスクリティカルなマイクロサービスが使うハードウェア、通信、アプリケーションプラットフォームレイヤのサービスには、エコシステムの中で最高の優先度を与えなければなりません。

5.6.1.2　インシデントと機能停止の分類

すべてのインシデント、機能停止、障害は、2つの軸を使ってプロットすることができます。第1の軸はインシデントの**深刻度**、第2の軸はインシデントの**スコープ**です。深刻度は、問題を起こしたアプリケーション、マイクロサービス、システムの分類に直結しています。マイクロサービスがビジネスクリティカルなら（つまり、そのサービスがなければ、ビジネスか基本的なユーザインターフェイス部分が機能しないなら）、そのマイクロサービスの障害の深刻度は、サービスの分類と一致しなければなりません。それに対し、スコープは、その障害によってエコシステムのどれくらいの範囲が影響を受けるかであり、通常は広、中、狭の3つに分類されます。スコープが広いインシデントは、ビジネス全体か外部（たとえばユーザインターフェイス）に影響を及ぼすインシデントです。スコープが中位のインシデントは、サービス自体かサービスとその一部のクライアントだけに影響を及ぼすインシデント、スコープが狭いインシデントは、クライアント、ビジネス、製品を使っている外部ユーザからは悪影響が気付かれないようなインシデントです。つまり、深刻度はビジネスに与える影響に基づいて分類されるのに対し、スコープはインシデントが**ローカル**か**グローバル**かによって分類されます。

では、いくつかの実例を使ってこの分類が実際にどのようになるのかを見てみましょう。深刻度は、0から4までの5段階に分類し、0がもっとも深刻で4がもっとも軽微なインシデントだとします。スコープについては、広、中、狭の3段階を使い続けることにします。まず、深刻度とスコープが非常に簡単に分類できるものから考えてみましょう。データセンター全体の障害です。理由が何であれデータセンターが完全に停止してしまえば、ビジネス全体に影響を与えるので深刻度は明らかに0、やはりビジネス全体に影響を与えるので、スコープは「広」になるでしょう。次に、別のシナリオを見てみましょう。製品の中のビジネスクリティカルな機能を担当するマイクロサービスが30分停止したとします。この障害により、クライアントの1つが影響を受け、エコシステムのその他の部分は影響を受けなかったとします。この障害は、ビジネスクリティカルな機能に影響を与えているため深刻度0ですが、ビジネス全体ではなく、サービス自身と1つのクライアントサービスに影響を与えているだけなので、スコープは「中」になります。最後に、新しいマイクロサービスのためにテンプレートを生成する内部ツールが数時間停止したときのことを考えてみましょう。新しいマイクロサービスのためのテンプレートの生成（そして新しいマイクロサービスの起動）は、ビジネスクリティカルではなくユーザインターフェイスでもないので、深刻度0にはなりません（1や2にもならないでしょう）。しかし、サービス自体が停止しているので、深刻度3にはなります。そして、障害によって影響を受けるのはそのサービスだけなので、スコープは「狭」になります。

5.6.2 インシデント対応の5つの段階

標準化されたインシデント対応の手続きが用意されているかどうかは、障害が起こったときのシステム全体の可用性の確保に非常に重要な意味を持ちます。インシデントや機能停止が起こったときに踏まなければならない手順が明確に決められていれば、影響の緩和や解決のための時間が短縮され、個々のマイクロサービスのダウンタイムも短縮されます。今日のIT業界では、インシデントに対応し、それを解決するための標準的な手順は、一般にトリアージ、緩和、解決の3つです。しかし、マイクロサービスアーキテクチャを採用し、高可用性と耐障害性を実現するためには、インシデント対応に調整とフォローアップのための2つの手順を追加する必要があります。以上をまとめると、インシデント対応には、**評価**、**調整**、**緩和**、**解決**、**フォローアップ**の5つの段階が含まれることになります。

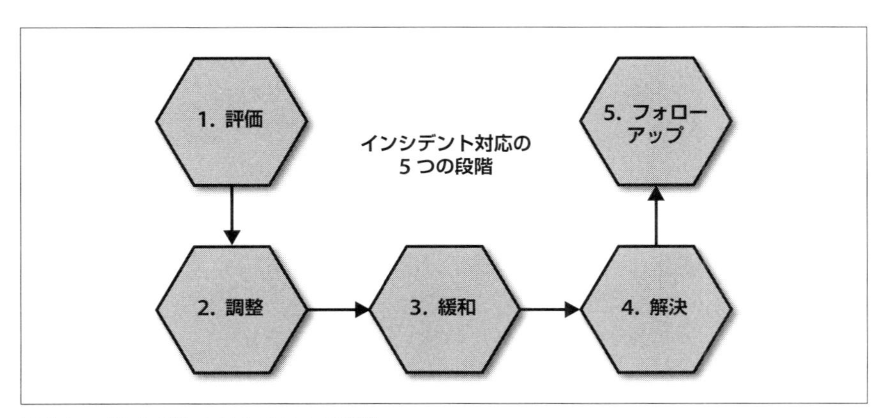

図5-1 インシデント対応の5つの段階

5.6.2.1 評価

サービスの主要なメトリックに変化が起こってアラートが生成され（アラート、主要メトリック、オンコールローテーションの詳細については「6章 監視」を参照)、オンコール当番の開発者がアラートに応えなければならないときに最初にしなければならないのは、インシデントの**評価**です。オンコールエンジニアは第1対応者であり、アラートを生成した問題をトリアージして、問題の深刻度とスコープを判断しなければなりません。

5.6.2.2　調整

インシデントの評価、トリアージが終わったら、ほかの開発者やチームと**調整**した上で、**インシデントについての情報を伝えます**。あるサービスのオンコール開発者だからといって、その問題に関するすべての問題を解決できる人はまずいません。そこで、問題のすばやい緩和、解決のためには、その問題を解決できるほかのチームとの調整が必要になります。深刻度が高く、スコープが広い問題にふさわしいだけの注目をすぐに集めるためには、インシデントや機能停止についての情報を伝えるための明確な通信チャネルが必要になります。

インシデントや機能停止では、複数の理由から、インシデントについての情報伝達の記録を残しておくことが大切になります。まず第1に、インシデント中の情報伝達の記録（チャットログ、電子メールなど）は、インシデントの診断、根本原因の探索、影響の緩和で役に立ちます。誰がどの修正に対応しているか、原因かもしれないものによってどの問題が解決するか、そして根本原因がわかってからはその根本原因が正確に何だったかを、全員が把握できるようにするのです。第2に、インシデントや機能停止を起こしているサービスに依存するほかのサービスには、インシデントの悪影響を緩和し、障害から自分のサービスを守れるようにするために、問題についての情報を提供する必要があります。こうすることにより、システム全体としての可用性を向上し、1つのサービスが依存関係の連鎖に含まれるすべてのサービスを停止させることを回避することができます。第3に、何が起こったか、問題をどのようにトリアージ、緩和、解決したかについての正確、明確で詳細な記録があれば、深刻でグローバルなインシデントのために事後分析を書くときに役立ちます。

5.6.2.3　緩和

第3段階は**緩和**です。問題を評価し、（適切な人が問題の修正に当たれるようにするために）組織的な情報伝達が始まったら、開発者たちはクライアント、ビジネス、その他インシデントの影響を受けるすべてに対するインシデントの影響を緩和するための作業に取り掛からなければなりません。緩和と解決は異なります。緩和は、問題の根本原因を**修正**するのではなく、**問題の影響を小さくする**だけです。問題を起こしたサービスの可用性とそのクライアントの可用性が損なわれなくなるまで、問題は緩和されません。

5.6.2.4 解決

インシデントや機能停止の影響が緩和されたら、エンジニアたちは問題の根本原因の**解決**に着手できます。これが、インシデント対応の第4段階です。解決は問題の根本原因を取り除くことですが、これは問題が緩和されるまでしてはいけません。大切なのは、緩和が完了するのは時計が止まるときだということです。マイクロサービスのSLAに影響を与える2大メトリックは、問題の検出までにかかった時間（TTD）と緩和までにかかった時間（TTM）です。問題が緩和されたら、エンドユーザに影響を与えたりSLAを引き下げたりすることはなくなります。そのため、解決までにかかった時間（TTR）がサービスの可用性に影響を与えることは、（皆無ではありませんが）まずありません。

5.6.2.5 フォローアップ

インシデント対応の第5段階で最終段階でもある**フォローアップ**段階では、3つのことをしなければなりません。インシデントや機能停止を分析し、理解するための事後分析を書き、深刻なインシデント、機能停止についての情報を共有、評価し、開発チームが影響を受けたマイクロサービスを本番対応の状態に戻すためにしなければならないアクション項目のリストをまとめるということです（アクション項目は、事後分析に含められることが多くあります）。

インシデントのフォローアップでもっとも重要なのは、**事後分析**です。一般に、事後分析は、すべてのインシデント、機能停止をフォローアップし、何がなぜ起こったか、どのようにすれば予防できたかについての重要な情報をまとめたドキュメントです。すべての事後分析には、最低でも、何が起こったかについての要約、発生した事象についてのデータ（検出にかかった時間、緩和にかかった時間、解決にかかった時間、ダウンタイムの合計、影響を受けたユーザ数、関連するグラフとチャート）、詳細なタイムライン、包括的な根本原因分析、どのようにすればインシデントを予防できたかについての要約、将来に同様の機能停止を防ぐための方法、サービスを本番対応状態に戻すためにしなければならないことをまとめたアクション項目が含まれていなければなりません。事後分析は、非難を含まない形で責任者を名指しするのではなく、サービスについての客観的事実だけを指摘するドキュメントにすると、もっとも効果的です。機能停止の責任者として開発者やエンジニアを名指しで非難すると、信頼性を備えた持続可能なエコシステムを維持するために必要不可欠な組織的な学習と共有を損ないます。

大規模で複雑なマイクロサービスエコシステムでは、マイクロサービスの大小にかかわらず、1つのマイクロサービスを停止させた障害や問題は、エコシステムに含まれるほかのマイクロサービスの中の少なくとも1つにほとんど必ず影響を与えています。深刻度の高いインシデントや機能停止についてさまざまなチーム（そしてさまざまな組織）にまたがる形でコミュニケーションを取れば、ほかのサービスに含まれる同様の障害を発生する前に捕捉できます。私は、適切に行われたインシデントや機能停止のレビューがいかに大きな効果を持つかを実際に見てきていますし、この種の会議に参加した開発者たちが会議終了後に自分のマイクロサービスのもとに駆け戻り、レビューされたインシデント、機能停止を引き起こしたバグを自分のサービスから取り除いているところを目撃しています。

5.7　マイクロサービスの評価基準

耐障害性と大惨事対応についての理解を深めたところで、次の質問のリストを使って、マイクロサービスとマイクロサービスエコシステムの本番対応を評価してみましょう。質問はテーマ別に分類されており、この章の節に対応しています。

5.7.1　単一障害点の除去

- マイクロサービスに単一障害点はあるか。
- マイクロサービスに複数の障害点があるか。
- 障害点は取り除けるか、それとも緩和が必要なものか。

5.7.2　大惨事と障害のシナリオ

- マイクロサービスの障害のシナリオと発生し得る大惨事は、すべて特定できているか。
- マイクロサービスエコシステム全体を通じてよく起こる障害は何か。
- このマイクロサービスに影響を与えるハードウェアレイヤの障害のシナリオは何か。
- このマイクロサービスに影響を与える通信、アプリケーションプラットフォームレイヤの障害のシナリオは何か。
- このマイクロサービスに影響を与える依存関係の障害はどのようなものか。

- このマイクロサービスをダウンさせる可能性のある内部障害は何か。

5.7.3 回復性テスト

- このマイクロサービスは適切なlintテスト、単体テスト、統合テスト、エンドツーエンドテストを持っているか。
- このマイクロサービスは定期的にスケジューリングされたロードテストを実行しているか。
- すべての障害のシナリオがカオステストとして実装され、テストされているか。

5.7.4 障害の検出と修正

- 技術組織全体でインシデントや機能停止に対処するための標準的なプロセスが作られているか。
- このマイクロサービスの障害や機能停止は、ビジネスにどのような影響を及ぼすか。
- 明確に定義された障害のレベルはあるか。
- 明確に定義された緩和戦略はあるか。
- インシデントや機能停止が発生したとき、チームは5段階のインシデント対応に従っているか。

6章 監視

本番対応のマイクロサービスは、適切に監視されています。適切な監視は、本番対応のマイクロサービスを構築し、マイクロサービスの可用性を高水準で保証するためにもっとも重要なものの1つです。この章では、どのような主要メトリックを監視するか、主要メトリックのログをどのようにして取るか、主要メトリックを表示するダッシュボードをどのように作るか、アラートにはどのようにアプローチするか、オンコールのベストプラクティスはどのようなものかといった、マイクロサービスの監視で必要不可欠な構成要素について説明します。

6.1 マイクロサービスの監視の原則

マイクロサービスエコシステムの機能停止の大多数は、問題のあるデプロイが原因となって起こります。その次に大きな機能停止の原因は、適切な**監視**の欠如です。なぜそうなのかは簡単にわかるでしょう。マイクロサービスの状態がわからず、主要メトリックが追跡されていなければ、実際に機能停止が起こるまで、その原因となる障害がどのようなものかはわからないままです。マイクロサービスが監視の欠如のために機能停止を起こすようなら、それまでにその可用性は損なわれているでしょう。そして、機能停止が起こったときの緩和、修正のための時間は長引き、マイクロサービスの可用性はさらに下がります。マイクロサービスの主要メトリックに簡単にアクセスできなければ、開発者は手がかりがなく、問題をすばやく解決できなくなってしまうことが多いでしょう。適切な監視が不可欠だというのは、このような理由からです。監視は、開発チームにマイクロサービスについてのあらゆる重要情報を与えてくれます。マイクロサービスが適切に監視されていれば、状態がわからなくなることはあり得ません。

本番対応のマイクロサービスの監視には、4つの構成要素があります。第1の要素は、すべての重要情報の適切な**ロギング**です。ログがあれば、開発者は現在および過去の任意の時点におけるマイクロサービスの状態を理解できます。第2の要素は、適切に設計された、マイクロサービスの健全性を正確に示す**ダッシュボード**です。ダッシュボードは、社内の誰もが見ることができ、苦労せずにマイクロサービスの健全性と状態を理解できるものでなければなりません。第3の要素は、すべての主要メトリックに関するアクション可能で効果的な**アラート**です。アラートは、機能停止が起こる前にマイクロサービスの問題を緩和、解決しやすくするためのプラクティスです。第4の要素は、マイクロサービスの監視に責任を負う持続可能な**オンコールローテーション**の実施です。効果的なロギング、ダッシュボード、アラート、オンコールローテーションを備えれば、マイクロサービスの可用性を守ることができます。障害やエラーによってマイクロサービスエコシステムの一部が停止する前に、それらを見つけて緩和することができます。

本番対応サービスは適切に監視されている

- ホスト、インフラストラクチャ、マイクロサービスレベルで主要メトリックが特定され、監視されている。
- マイクロサービスの過去の状態を正確に記録する適切なロギングシステムがある。
- すべてのメトリックが含まれていてわかりやすいダッシュボードがある。
- アクション可能で、しきい値に基づいて定義されているアラートシステムがある。
- 監視とインシデントや機能停止への対応を行うオンコールローテーションが実施されている。
- インシデントや機能停止を処理するための明確に定義され、標準化されたオンコール手続きがある。

6.2 主要メトリック

適切な監視のために必要な構成要素について詳しく見ていく前に、**何**を監視しなければならないのかを正確に掴んでおくことが大切です。もちろん、マイクロサービスを監視したいわけですが、それは**実際に**どういう意味なのでしょうか。マイクロサービスは、フォロー、追跡できる1つのオブジェクトではなく、分離することはできません。マイクロサービスは、それよりもはるかに複雑な存在です。数百とまではいかなくても数十のサーバにデプロイされており、1つのマイクロサービスの動作は、すべてのインスタンスの動作の総和です。これを数値化するのは困難です。ポイントは、マイクロサービスのふるまいを必要十分に説明する性質を見極め、マイクロサービスの全体的な状態、健全性がその性質のどのような変化からわかるかをつかむことです。こういった性質を**主要メトリック**と呼ぶことにします。

主要メトリックには、ホストやインフラストラクチャのメトリックとマイクロサービスのメトリックの2つの種類があります。ホスト、インフラストラクチャのメトリックは、マイクロサービスが実行されているインフラストラクチャやサーバの状態についてのメトリックですが、マイクロサービスのメトリックは、個々のマイクロサービスに固有なメトリックです。「**1章　マイクロサービス**」で説明したマイクロサービスエコシステムの4層モデルによれば、ホスト、インフラストラクチャのメトリックはレイヤ1からレイヤ3のメトリックであり、マイクロサービスのメトリックはレイヤ4のメトリックです。

主要メトリックをこのように2つの異なる種類に分類することは、組織的にも技術的にも重要なことです。ホストとインフラストラクチャのメトリックは、複数のマイクロサービスに影響を及ぼすことが多くあります。複数のマイクロサービス間でハードウェアリソースを共有しているマイクロサービスエコシステムで、1台のサーバが障害を起こしたとき、そのホストレベルの主要メトリックは、そのホストにマイクロサービスがデプロイされているすべてのマイクロサービスチームにとって重要な意味があります。それに対し、マイクロサービス固有メトリックが、そのマイクロサービスを担当している開発チーム以外の人のために役に立つことはまずありません。チームは両方の種類の主要メトリック（つまり、自分のマイクロサービスに関係のあるすべてのメトリック）を監視しなければなりません。そして、複数のマイクロサービスにとって意味のあるメトリックは、複数のチームで監視し、共有しなければなりません。

個々のマイクロサービスで監視しなければならないホスト、インフラストラクチャメトリックは、各ホストでマイクロサービスが使用するCPUとRAM、利用できるスレッド数、マイクロサービスのオープンファイルディスクリプタ（FD）、マイクロサービスがデータベースに対して開いている接続数です。これらの主要メトリックの監視は、個々のメトリックの状態にインフラストラクチャとマイクロサービスの情報が付随する形で記録するようにすべきです。つまり、特定のホスト単位でも、マイクロサービスが実行されているすべてのホストの合計でも、マイクロサービスの主要メトリックの状態がわかるような粒度で監視を行うべきだということです。たとえば、ある特定のホストでマイクロサービスがCPUをどの程度使っているかとマイクロサービスが実行されているホスト全体でCPUをどの程度使っているかの両方がわかるようにしなければなりません。

リソースが抽象化されているときのホストレベルメトリックの監視

マイクロサービスエコシステムの中には、個々のホストレベルではリソース（CPU、RAMなど）が抽象化されるクラスタ管理アプリケーション（Mesosなど）を使っていることがあります。このような場合には、ホストレベルメトリックはそうでない場合と同じようには得られませんが、マイクロサービス全体の主要メトリックはすべて監視できますし、そうすべきです。

マイクロサービスレベルで必要十分な主要メトリックは、マイクロサービスが書かれている言語によって変わることがあるので、判定が少し困難です。たとえば、個々の言語は独特の方法でタスクを処理していますが、これらの言語固有機能はしっかりと監視しなければならないことが多くあります。たとえば、uWSGIワーカーを利用するPythonサービスなら、uWSGIワーカー数は適切な監視のために必要な主要メトリックです。

言語固有の主要メトリックに加え、サービスの可用性、サービスのSLA（サービスレベル契約）、サービス全体と個別のAPIエンドポイント両方のレイテンシ、APIエンドポイントの成功、レスポンス、平均レスポンス時間、APIリクエストを発行したサービス（クライアント。リクエストが送られてきたエンドポイントについての情報も含む）、エラーと例外（処理したものと未処理のものの両方）、依存関係の健全性と状態も監視しなければなりません。

アプリケーションがデプロイされているすべての場所ですべての主要メトリックを監視することが、大切です。つまり、デプロイパイプラインのすべてのステージを監視しなければならないということです。新しい本番候補（新ビルド）が本番トラフィックを処理するサーバにデプロイされる前に問題を捕捉するために、ステージング環境もしっかりと監視しなければなりません。そして、カナリアフェーズ、本番デプロイフェーズの両方を通じて、本番サーバにデプロイされたシステムをすべてていねいに監視しなければならないことは言うまでもないでしょう（デプロイパイプラインについては、「**3章　安定性と信頼性**」を参照）。

マイクロサービスの主要メトリックが明らかになったら、次の手順はサービスが生成したメトリックを捕捉することです。メトリックを捕捉し、ログに書き込み、グラフを作り、メトリックに基づいてアラートを生成します。以下の節では、これらのステップを1つずつ取り上げていきます。

主要メトリックのまとめ

ホスト、インフラストラクチャの主要メトリック

- CPU
- RAM
- スレッド
- ファイルディスクリプタ
- データベース接続

マイクロサービスの主要メトリック

- 言語固有メトリック
- 可用性
- SLA
- レイテンシ
- エンドポイントの成功
- エンドポイントのレスポンス
- エンドポイントのレスポンス時間

- クライアント
- エラーと例外
- 依存関係

6.3 ロギング

ロギングは、本番対応の監視の第1の構成要素です。個々のマイクロサービスのコードベースに含まれ、そこでスタートし、各サービスのコードの深い位置にいて、マイクロサービスの状態を説明するために必要なすべての情報を捕捉します。実際、最近の特定の時点におけるマイクロサービスの状態を記述することがロギングの究極の目標です。

マイクロサービスアーキテクチャの長所の1つは、開発者に頻繁な新機能デプロイとコード変更の自由を与えることです。そして、この開発者の新しい自由とベロシティの向上からの帰結の1つは、マイクロサービスが絶えず変化することです。ほとんどの場合、サービスは数日前のサービスはもちろん、12時間前のサービスとも異なるものになっており、問題の再現は困難です。問題が起こったとき、インシデントや機能停止の根本原因を突き止めるためには、ログを精査して機能停止が起こったときのマイクロサービスの状態を調べ、その状態のサービスが障害を起こした理由を明らかにするしかないことが多いのです。ロギングは、何がどこで問題を起こしたのかをログから判断できるような形で行わなければなりません。

マイクロサービスをバージョニングせずに行うロギング

ほかの（クライアント）サービスがマイクロサービスの最新で最良のバージョンではない別のバージョンを指定するようなことを助長しかねないので、マイクロサービスのバージョニングはすべきでないとされています。バージョニングがなければ、インシデントや機能停止が起こったときのマイクロサービスの状態を知るのは難しくなってしまいますが、徹底的なロギングを行えば、これが問題になることを防げます。機能停止が起こったときのマイクロサービスの状態が十分にわかるくらいロギングがしっかりしていれば、バージョニングがないことがすばやく効果的な緩和、解決の障害にはなりません。

具体的に**何**をロギングすべきかは、マイクロサービスごとに異なります。必然的に、何をロギングすべきかを判断するためのガイドは、特定の時点でのサービスの状態を説明するために必要不可欠なすべての情報というちょっとあいまいなものになってしまいます。しかし、サービスのコードに含まれているものにロギングの対象を制限すれば、ロギングの範囲は狭められます。ホスト、インフラストラクチャレベルの情報は、アプリケーション自体からはロギングされず（ロギングすべきではありません）、アプリケーションプラットフォームレイヤで実行されるサービスやツールによってロギングされます。マイクロサービスのログには、ハッシュされたユーザIDとリクエスト、レスポンスの詳細のようなマイクロサービスレベルの主要メトリックと情報を書き込めばよいし、書き込むべきです。

もちろん、**決してロギングしてはならない**ものもあります。たとえば、顧客名、社会保障番号、その他のプライバシー情報といった個人を特定できる情報を含んでいてはなりません。また、パスワード、アクセスキー、秘密情報などのセキュリティリスクにつながる情報もロギングしてはなりません。ほとんどの場合、ユーザIDやユーザ名のような一見無害なものでも、暗号化せずにロギングしてはなりません。

個別のマイクロサービスレベルでのロギングでは不十分な場合があります。本書で繰り返し述べてきたように、マイクロサービスは単独で動いているのではなく、マイクロサービスエコシステム内のクライアントと依存関係の複雑な連鎖の中で動いています。開発者は自分のサービスで重要なすべての情報をロギングし、監視しようと努力するかもしれませんが、クライアントと依存関係の連鎖全体を通じ、エンドツーエンドでリクエストとレスポンスを追跡、ロギングすれば、それ以外の方法では不可能な形でシステムについての重要な情報（たとえば、スタック全体のレイテンシや可用性）に光を当てられます。この情報にアクセスし、可視化するために、本番対応のエコシステムは、スタック全体を通じて個々のリクエストをトレーシングする必要があります。

ここまで読んでくると、ロギングしなければならない情報は膨大なものだということがわかるでしょう。ログはデータであり、ロギングには高いコストがかかります。格納にもアクセスにもコストがかかり、どちらもネットワーク越しのコストのかかる呼び出しを必要とします。1つ1つのマイクロサービスを見た限りでは、ログを格納するためにかかるコストはそれほどでもないように感じるかもしれませんが、マイクロサービスエコシステムに含まれるすべてのマイクロサービスのロギングのニーズを合計すれば、コストはかなり高くなります。

ログとデバッグ

本番デプロイされるコードには、デバッグ用のログを追加しないようにしましょう。この種のログが入るとコストが跳ね上がります。デバッグ用にログを追加した場合には、開発者は、それらのログを含むブランチやビルドが本番環境に入り込まないように特に注意する必要があります。

ロギングは、スケーラブルで可用性が高く簡単にアクセス**かつ**検索できるものでなければなりません。ログのコストを下げ、スケーラビリティと可用性を保証するために、サービス当たりのロギングの上限を設定するとともに、ログに書いてよい情報の種類、個々のマイクロサービスが格納できるログ数、ログが削除されるまでの期間についての標準を策定しなければならないことが多いのです。

6.4 ダッシュボード

すべてのマイクロサービスは、すべての主要メトリック（ハードウェアの利用状況、データベース接続、可用性、レイテンシ、レスポンス、APIエンドポイントの状態など）を集め、表示する**ダッシュボード**を少なくとも1つ持っていなければなりません。ダッシュボードは、マイクロサービスについてのすべての最重要情報を反映してリアルタイムで更新されるグラフィカル表示です。ダッシュボードは、マイクロサービスエコシステム全体で一元管理、標準化され、簡単にアクセスできるものでなければなりません。

ダッシュボードは、外部の人でもすぐにマイクロサービスの健全性がわかるくらいに簡単に解釈できるものにすべきです。誰でもダッシュボードを見られるようにして、マイクロサービスが正しく動作しているかどうかをすぐに判断できるようにしなければなりません。そのためには、（ダッシュボードが役に立たなくなる）情報の詰め込みすぎと（ダッシュボードが役に立たなくなる）情報不足の間でバランスを取る必要があります。主要メトリックについての必要最小限の情報だけを表示するのです。

ダッシュボードは、マイクロサービス全体の監視の全体品質を正確に反映する鏡にもなります。アラートを引き起こす主要メトリックは、ダッシュボードにも入っているはずです（アラートについては次節で取り上げます）。ダッシュボードに主要メトリックが含まれていないということは、サービスの監視が不十分だということを反映しています。また、不必要なメトリックが含まれているということも、アラート（そして、監視）のベストプラクティスを無視しているということを反映しています。

非主要メトリックを外すという原則には、いくつかの例外があります。主要メトリックに加え、デプロイパイプラインの各フェーズについての情報は、同じダッシュボードの中でなくても構いませんが、表示すべきです。大量の主要メトリックを監視しなければならないマイクロサービス開発者たちは、個々のデプロイフェーズのマイクロサービスの健全性を正確に反映するために、個々のデプロイフェーズ（ステージング、カナリア、本番）のために別々のダッシュボードを設定する場合があります。別々のデプロイフェーズでは同時に異なるビルドが実行されることになるので、マイクロサービスの健全性をダッシュボードに正確に反映させるためには、特定のデプロイフェーズのマイクロサービスの健全性を反映させることを目標としてダッシュボードを設計すべきかもしれません（それらをほとんど別のマイクロサービスとして扱うか、少なくともマイクロサービスの別のインスタンスとして扱います）。

ダッシュボードと機能停止検出

ダッシュボードはマイクロサービスの主要メトリックの異常や不穏な傾向を知らせてくれますが、インシデントや機能停止は、マイクロサービスのダッシュボードなど見なくても見つけられるようにしておかなければなりません。これらのときにダッシュボードが必要なら、アラートや監視全体の不備を示すアンチパターンです。

次に、ダッシュボードにデプロイがいつ行われたかを表示すると、新しいデプロイの導入による問題が見つけやすくなります。そのためにもっとも効果的で役に立つのは、主要メトリックのグラフにデプロイの時刻を表示する方法です。そうすれば、開発者は、デプロイを終えるたびに、グラフをさっと見て、主要メトリックに奇妙なパターンが現れていないかどうかを確かめることができます。

よくできたダッシュボードは、簡単に可視化された形で異常を見つけられ、アラートのしきい値を決めるためにも利用できます。主要メトリックがわずかに、または漸進的に変化したり乱れたりすると、アラートでは異常を捕捉し損なう危険性がありますが、正確なダッシュボードをていねいに見ていれば、それ以外の方法では見つからないような異常を見つけることができます。次節で詳しく説明しますが、アラートのしきい値の決定は難しいことでよく知られていますが、ダッシュボードの履歴データを解析すれば適切に設定できます。主要メトリックの通常のパターンと過去に起こった機能停止（または機能停止の予兆）のときのメトリックのスパイクを見比べれば、適切なしきい値がわかるでしょう。

6.5 アラート

本番対応マイクロサービスを監視するための第3の構成要素は、リアルタイムの**アラート**です。障害や主要メトリックの障害につながりそうな変化を検出したときには、アラートまで進んで初めて意味のある監視になります。すべての主要メトリック（ホスト、インフラストラクチャメトリック、マイクロサービス固有メトリック）には、さまざまなしきい値に基づいてアラートを設定しなければなりません。マイクロサービスの可用性を維持し、ダウンタイムを防ぐためには、効果的でアクション可能なアラートが必要不可欠です。

6.5.1 効果的なアラートの設定

アラートは、すべての主要メトリックに対して設定しなければなりません。ホスト、インフラストラクチャ、マイクロサービスレベルの主要メトリックに、機能停止につながりかねない変化、レイテンシのスパイクなどのマイクロサービスの可用性を損なう変化が見られたときには、アラートが生成されるようにします。大切なのは、主要メトリックが**見えない**ときにもアラートが生成されるようにすることです。

アラートは役に立つものでなければなりません。つまり、適切なしきい値によって定義され、有効なシグナルを送れるようにしなければなりません。個々の主要メトリックには、**正常**、**警告**、**危険**の3種類のしきい値として上限、下限の両方を定義します。正常のしきい値は、個々の主要メトリックが通常に示す適切な値の範囲で、アラートを生成してはなりません。**警告**のしきい値は、主要メトリックが正常値から逸脱し、マイクロサービスが問題を起こしかねない状態になったと判断される値の範囲で、アラートを生成します。警告のしきい値は、正常からの逸脱によって機能停止その他の悪影響が起こる**前**にアラートが生成されるように設定しなければなりません。それに対し、危険のしきい値は、主要メトリックの逸脱によって実際に機能停止やレイテンシのスパイク、その他マイクロサービスの可用性が損なわれたと判断される範囲によって設定します。理想としては、危険のしきい値に達する前に警告のしきい値によってアラートを生成し、早期に問題を検出、緩和、解決することです。どの種類でも、しきい値はノイズを避けられる程度に高く、主要メトリックの現実的な問題をすべての捕捉できる程度に低く定義しなければなりません。

マイクロサービスのライフサイクルの初期にしきい値を定義する方法

主要メトリックのしきい値は、過去の実績値がなければ簡単には設定できません。マイクロサービスのライフサイクルの初期にしきい値を設定しても、必要なアラートが生成されないか、アラートが生成され過ぎて役に立たなくなる危険があります。マイクロテストに対してロードテストを実行し、しきい値がどこにあるのかを探れば、新しいマイクロサービスで（場合によっては、以前から使っていたマイクロサービスでも）適切なしきい値を判定するために役立ちます。マイクロサービスが「正常な」動作をするトラフィックから正常のしきい値を判断し、想定外に大きいトラフィックから警告、危険のしきい値を判断するようにします。

アラートはアクション可能でなければなりません。アクション可能ではないアラートとは、生成されても重要な意味がない、関係がない、マイクロサービスの問題を示すものではないといった理由でオンコール開発者が解決（または無視）できてしまうアラートや、開発者では解決できない問題を知らせてくるアラートです。オンコール開発者がすぐにアクションを起こす意味がないアラートは、アラートプールから外すか、意味のあるオンコールローテーションに移管するか、（可能なら）アクション可能になるように再定義する必要があります。

主要メトリックの中には、アクション可能でないアラートを生成することがあるものが含まれています。たとえば、依存関係の可用性に基づいてアラートを生成しても、アクション可能にならない場合がよくあります。依存関係に機能停止、レイテンシの増加、ダウンタイムが発生しても、クライアントのアクションを必要としない場合です。取るべきアクションがないなら、しきい値を適切に設定し直すか、極端な場合にはアラートを生成させないようにします。しかし、依存関係のオンコール開発者や開発チームに問題発生を知らせ、緩和、解決のために協力するといったごく小さなことでも、取るべきアクションがある場合には、アラートを送らなければなりません。

6.5.2 アラートの処理

アラートが生成されたら、すばやく効果的に対処する必要があります。アラートを生成した根本原因の影響を緩和し、根本原因を解決しなければなりません。アラートをすばやく効果的に処理するためには、適切な準備が必要です。

まず第1に、既知の個々のアラートに対してトリアージ、緩和、解決の方法をステップバイステップで詳細に説明するドキュメントを作る必要があります。このステップバイステップの説明は、オンコールランブックの一部として、個々のマイクロサービスの一元管理されたドキュメントの中に組み込み、そのマイクロサービスのオンコールを担当するすべての人々が簡単にアクセスできるようにします（ランブックの詳細については、「**7章　ドキュメントと組織的な理解**」を参照）。ランブックは、マイクロサービスの監視では非常に重要な役割を果たします。オンコール開発者に、アラートの根本原因の影響を緩和し、根本原因を解決する方法をステップバイステップで指示してくれます。個々のアラートは主要メトリックの逸脱と結び付けられているので、ランブックは個々の主要メトリックに基づいて、既知の逸脱の原因、問題のデバッグ方法を説明するように構成します。

2種類のオンコールランブックが必要です。第1の種類は、ホスト、インフラストラクチャレベルのアラートに対するランブックで、ホスト、インフラストラクチャレベルのすべての主要メトリックに対して作成し、技術組織全体で共有します。第2の種類は、個々のマイクロサービスのためのランブックで、主要メトリックの変化によって生成されるマイクロサービス固有アラートの対処方法をステップバイステップで説明します。たとえば、レイテンシのスパイクが起こったらアラートを生成しなければなりません。そして、オンコールランブックには、マイクロサービスのレイテンシのスパイクをデバッグ、緩和、解決するための方法をステップバイステップで詳しく説明したものが含まれていなければなりません。

第2の準備は、アラートのアンチパターンへの準備です。マイクロサービスのオンコールローテーションに入っている開発者たちが多くのアラートのために疲れ切っているのに、マイクロサービスは正常に動作しているように見えるときには、複数回発生したものの簡単に緩和、解決できるアラートを自動化するのです。つまり、マイクロサービス自身の中に緩和、解決の手順を組み込むのです。これはすべてのアラートに当てはまります。そして、オンコールランブックにアラートのステップバイステップの対処方法を書いておくと、これを効果的に進めるために役立ちます。実際、緩和、解決の手順が単純なアラートは、簡単に自動化できます。監視がこのレベルまで達すると、マイクロサービスは同じ問題を二度と起こさなくなります。

6.6 オンコールローテーション

マイクロサービスエコシステムでは、開発チーム自身がマイクロサービスの可用性に対して責任を負います。そのため、監視の分野では、開発者は自分のマイクロサービスのオンコール（緊急時の時間外呼び出し、当直）を引き受けなければなりません。マイクロサービスのオンコール開発者の目標を明確にしておく必要があります。オンコール中に発生したマイクロサービスの問題を検出、緩和、解決し、その問題によってマイクロサービスが機能停止を起こしたり、ビジネス自体に影響が及んだりしないようにすることです。

比較的大規模な技術組織では、SRE、DevOpsエンジニア、その他の運用エンジニアが監視とオンコールを担当している場合もありますが、開発チームが別のチームにオンコールを引き継ぐためにはマイクロサービスが一定の安定性、信頼性を備えていなければなりません。しかし、今までの章で説明してきたように、マイクロサービスは絶えず変化しているので、ほとんどのマイクロサービスエコシステムでは、マイクロサービスの安定性がそこまでに達することはまずありません。マイクロサービスエコシステムでは、開発者が自分でデプロイしたコードの監視を自ら担わなければなりません。

よいオンコールローテーションを設計することはきわめて重要であり、チーム全体での取り組みが必要です。燃えつきを防ぐために、オンコールローテーションは簡潔でなければならないし、共有されなければなりません。1度に呼び出される開発者は2人以上、オンコールシフトは1週間未満でなければならないし、次のシフトまでは1か月以上離れていなければなりません。

個々のマイクロサービスのオンコールローテーションは、チーム内で公表され、簡単にわかるようにしなければなりません。また、依存関係が問題を起こしている場合には、依存関係のオンコールエンジニアを調べてすぐに連絡を取れるようにしておく必要があります。この情報を一元管理された場所でホスティングすれば、問題のトリアージ、機能停止の防止のために開発者がより効果的に行動しやすくなります。

技術組織全体を通じて標準化されたオンコール手続きを作れば、持続可能なマイクロサービスエコシステムの確立に大きな効果があります。開発者には、オンコールシフトへのアプローチの方法の訓練を受けさせ、オンコールのベストプラクティスを意識させて、彼らを早くオンコールローテーションに参加できるレベルに引き上げる必要があります。

6.7 マイクロサービスの評価基準

監視についての理解を深めたところで、次の質問のリストを使って、マイクロサービスとマイクロサービスエコシステムの本番対応を評価してみましょう。質問はテーマ別に分類されており、この章の節に対応しています。

6.7.1 主要メトリック

- このマイクロサービスの主要メトリックは何か。
- ホスト、インフラストラクチャのメトリックは何か。
- マイクロサービスレベルのメトリックは何か。
- マイクロサービスの主要メトリックはすべて監視されているか。

6.7.2 ロギング

- このマイクロサービスがロギングしなければならない情報は何か。
- このマイクロサービスは、すべての重要なリクエストをロギングしているか。
- ログは、特定の時点におけるマイクロサービスの状態を正確に反映しているか。
- このロギングソリューションはコスト効果が高く、スケーラブルか。

6.7.3 ダッシュボード

- このマイクロサービスはダッシュボードを持っているか。
- ダッシュボードはわかりやすいか。すべての主要メトリックがダッシュボードに表示されているか。
- ダッシュボードを見ただけでこのマイクロサービスが正しく動作しているかどうかがわかるか。

6.7.4 アラート

- すべての主要メトリックに対してアラートが設定されているか。
- すべてのアラートが適切なしきい値によって定義され、有効なシグナルを送れるようになっているか。

- 機能停止が起こる前にアラートが生成されるように、適切なしきい値が設定されているか。
- すべてのアラートがアクション可能になっているか。
- オンコールランブックは、すべてのアラートのトリアージ、緩和、解決の方法をステップバイステップで説明しているか。

6.7.5 オンコールローテーション

- このマイクロサービスを監視するための専用のオンコールローテーションが作られているか。
- オンコールシフトの担当者は最低でも２人以上になっているか。
- 技術組織全体で標準化されたオンコール手続きはあるか。

7章 ドキュメントと組織的な理解

本番対応のマイクロサービスは、ドキュメントされ、組織全体で理解する必要があります。ドキュメントと組織的な理解は、開発者のベロシティを上げ、マイクロサービスアーキテクチャを採用したときにトレードオフとしてついてくる組織的なスプロール（不規則な成長）と技術的負債の2つの問題を緩和します。この章では、包括的で役に立つドキュメントの作り方、マイクロサービスエコシステムのあらゆるレベルでマイクロサービスの理解を深めていく方法、技術組織全体に本番対応を根付かせる方法など、マイクロサービスのドキュメントと組織的な理解の重要な構成要素について考えていきます。

7.1 マイクロサービスのドキュメントと理解に関する原則

マイクロサービスの標準化についてのこの最後の章は、ロシア文学の有名な作品で口火を切ることにします。ソフトウェアアーキテクチャの本でドストエフスキーを引用するのは型破りに思われるかもしれませんが、『カラマーゾフの兄弟』のグルーシェニカは、私がマイクロサービスのドキュメントと組織的な理解のポイントだと思っていることをぴたりと言い当てているのです。「ラキートカ[*1]、これだけは覚えておいて。私は悪い女だけど葱を1本あげたのよ」

ドストエフスキーの傑作小説の中でも私が気に入っている場面は、グルーシェニカという登場人物がある老女と1本の葱の話をするところです。その話はこのように始まります。「昔々、あるところにとてもわがままで冷たいおばあさんがいました。ある日、おばあさんは乞食とばったり出会い、どうしたものか、とてもかわいそうに思

＊1　訳注：ラキーチンの愛称

いました。おばあさんは乞食に何かをあげたいと思いましたが、持っていたのは葱だけでした。そこでその葱を乞食にあげたのです。おばあさんはそれから死んでしまい、心が冷たかったおかげで地獄に行ってしまいました。おばあさんが地獄で苦しんでいると、天使がおばあさんを助けに来ました。神様がおばあさんの人生でたった1度だけの優しい行いを覚えていて、その分同じくらいの優しさを与えてやろうと思ったのです。天使は1本の葱を手にしておばあさんの前に現れました。おばあさんは葱にしがみつきましたが、まわりの罪人たちもその葱にしがみついてきたのでまずいと思いました。もともとのわがままで冷たい心がよみがえり、誰にも葱を分けてやりたくなかったので、罪人たちを振り落とそうとしました。おばあさんが罪人たちから葱を引ったくろうとしたため、葱はばらばらにちぎれ、おばあさんと罪人たちはみなもろともにまた地獄に落ちてしまいました」

これは心温まるお話だとはとても言えませんが、グルーシェニカの物語には、マイクロサービスのドキュメント作成にぴったりと当てはまる教訓が含まれています。それは、いつでも葱を与えよということです。

すべてのマイクロサービスに包括的で最新の状態に合わせて更新されたドキュメントを用意することの重要性は、いくら強調しても足りません。マイクロサービスエコシステムの仕事をしている開発者に、特に気になっていることを尋ねてみましょう。まだ実装されていない機能のリスト、修正しなければならないバグ、トラブルの原因となっている依存関係、自身のサービスと依存関係についてわかっていないことを、すらすらと答えるでしょう。最後の2つについてさらに尋ねると、同じような答えが返ってきます。「仕組みがどうにもわからなくてね。ブラックボックスなんですよ。ドキュメントが全然使いものにならないんです」

依存関係や内部ツールのドキュメントがしっかりしていないと、開発者の仕事のペースが落ち、彼ら自身のサービスを本番対応にするための力が損なわれます。彼らは依存関係や内部ツールを正しく使えなくなり、無数の時間が浪費されます。何しろ、適切なドキュメントがないサービスやツールが何をしているのかを調べるためには、仕組みがわかるまでリバースエンジニアリングするしかない場合があるのです。

サービスのドキュメントがしっかりしていないと、そのサービスの仕事をしている開発者の生産性が下がる場合もあります。たとえば、オンコールシフトのランブックがなければ、オンコールの当番に当たった人は、いつも問題を0から究明していかなければならなくなります。オンボーディングガイドがなければ、新たにサービスの担当になった開発者は、サービスの仕組みを理解するために、0からスタートしなければなりません。サービスが抱える単一障害点や問題点は、機能停止を起こすまでわからないでしょう。サービスの新機能は、サービスが実際にどのように動作するのかについての大きな見取り図を見失った状態で考え出されることが多いのです。

本番対応のよいドキュメントの目標は、サービスについての知識を一元的に管理するリポジトリを作って、メンテナンスすることです。共有すべき知識は、サービスについてのありのままの事実と、サービスが何を行い、組織全体でどのような位置を占めるかについての組織的な理解の両方です。そのため、ドキュメントが貧弱だという問題は、ドキュメント（事実）の欠如と理解の欠如の2つの下位問題に分けることができます。これら2つの下位問題を解決するには、すべてのマイクロサービスを通じてドキュメントを標準化するとともに、マイクロサービスについての理解を共有するための組織的な構造を用意する必要があります。

グルーシェニカの物語の「いつでも葱を与えよ」は、マイクロサービスのドキュメントの黄金律と言うべき原則です。自分に、同じサービスのための仕事をしている同僚の開発者に、あなたのサービスのクライアントサービスの開発者に、葱を与えなければなりません。

本番対応サービスはドキュメントが整備され、
組織的に理解されている

- 包括的なドキュメントがある。
- ドキュメントが定期的に更新されている。
- ドキュメントには、マイクロサービスの説明、アーキテクチャ図、連絡先とオンコールの情報、重要情報へのリンク、オンボーディング/開発ガイド、サービスのリクエストフロー、エンドポイント、依存関係についての情報、オンコールランブック、FAQに対する回答が含まれている。
- ドキュメントが開発者、チーム、組織の各レベルでよく理解されている。
- ドキュメントが本番対応の標準に準拠しており、対応する要件を満たしている。
- アーキテクチャが頻繁にレビュー、監査されている。

7.2 マイクロサービスのドキュメント

技術組織に含まれるすべてのマイクロサービスのドキュメントは、一元管理、共有され、簡単にアクセスできる場所に格納しなければなりません。すべてのチームの開発者がすべてのマイクロサービスのドキュメントを難なく見つけられるようにする必要があります。この条件を満たすためには、すべてのマイクロサービスと内部ツールのドキュメントをまとめた社内用Webサイトが最良のメディアになることが多いでしょう。

READMEとコードのコメントはドキュメントではない

多くの開発者は、リポジトリ内にREADMEファイルを置くかコードにコメントをばらまいておけば、ドキュメントとして十分だと思っています。READMEファイルは必要不可欠であり、すべてのマイクロサービスのコードには適切なコメントが含まれていなければなりませんが、READMEは本番対応のドキュメントではなく、コメントはチェックアウトしてコード中を探し回らなければならなければ役に立ちません。適切なドキュメントは、技術組織内のすべてのマイクロサービスのドキュメントが集められている一元管理された場所（たとえばWebサイト）に格納されます。

ドキュメントは、定期的に更新されていなければなりません。サービスに大きな変更が加えられるたびに、ドキュメントを更新する必要があります。たとえば、新しいAPIエンドポイントが追加されたときには、ドキュメントにそのエンドポイントについての情報を追加する作業もしなければなりません。新しいアラートが追加されたら、サービスのオンコールランブックにそのアラートをトリアージ、緩和、解決する方法のステップバイステップの説明を追加しなければなりません。新しい依存関係が追加された場合には、依存関係についての情報をドキュメントに追加しなければなりません。いつでも葱を与えるのです。

これをもっともうまく実現するための方法は、開発ワークフローの中にドキュメントの更新のプロセスを組み込むことです。ドキュメントの更新が開発とは別の（そして開発よりも大切ではない）タスクだと思われてしまうと、更新は結局行われず、サービスの技術的負債の1つになってしまいます。技術的負債を減らすためには、大きなコード変更をしたときには必ずドキュメントを更新するように開発者を仕向けなければなりません（必要なら、義務化すべきです）。

ドキュメントを開発サイクルの一部にする

ドキュメントの更新、改善がコード作成よりも大切ではない仕事だと見なされてしまうと、先延ばしになり、サービスの技術的負債の一部になることが多いものです。これを避けるためには、ドキュメントの更新、改善をサービスの開発サイクルの必要不可欠な一部にすべきです。

ドキュメントは、包括的で役に立つものでなければなりません。サービスに関連する重要な事実をすべて含まなければなりません。ドキュメントを読み通した開発者は、サービスの開発、改善の方法、サービスのアーキテクチャ、サービスの連絡先とオンコール情報、サービスの仕組み（リクエストフロー、エンドポイント、依存関係など）、インシデントや機能停止が発生したときやアラートが生成されたときのトリアージ、緩和、解決の方法がわかっていなければなりません。

何よりも大切なのは、ドキュメントがわかりやすく明確に書かれていることです。専門用語が満載されているドキュメントは使いものになりません。過度に専門的でこのサービスに固有の部分について説明できていないドキュメントや、サービスの細部に踏み込んでいないドキュメントも役に立ちません。明確ですっきりとしているよドキュメントを書くときには、社内のすべての開発者、管理職、製品マネージャ、重役が理解できるようなものを書くことを目標とすることです。

では、本番対応のマイクロサービスのドキュメントに含まれる個々の要素について少し深く見ていきましょう。

7.2.1 説明

個々のマイクロサービスのドキュメントは、サービスの**説明**からスタートします。説明は短く、的確で、わかりやすく書かれていなければなりません。たとえば、顧客が注文を完了したあとに領収書を送ることを目的とするreceipt-senderというマイクロサービスがあったとして、その説明は次のようなものになるでしょう。

説明

receipt-senderは、顧客が発注したあと、メールで顧客に領収書を送る。

ドキュメントを見つけら、マイクロサービスがマイクロサービスエコシステムで果たす役割がわかるようにするために、説明は必要不可欠です。

7.2.2 アーキテクチャ図

サービスの説明の次には、**アーキテクチャ図**が続きます。この図はサービスのアーキテクチャを詳しく示すもので、コンポーネント、エンドポイント、リクエストフロー、クライアントと依存関係、データベースやキャッシュについての情報を含めるようにします。

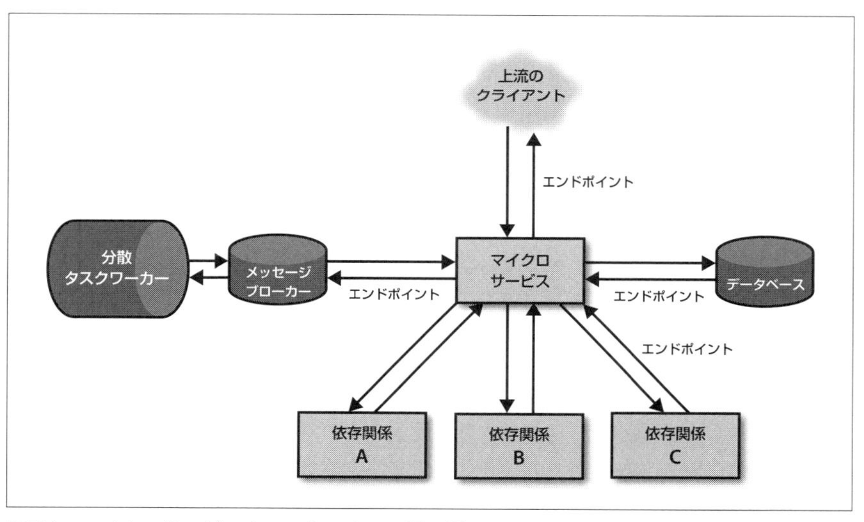

図7-1 マイクロサービスのアーキテクチャ図の例

アーキテクチャ図が欠かせない理由はいくつかあります。コードを読んだだけでは、マイクロサービスがなぜ、どのように動作するかを理解することはほとんど不可能ですが、きちんと描かれたアーキテクチャ図があれば、マイクロサービスのビジュアルな説明、要約としてわかりやすいでしょう。また、サービスの内部動作を抽象化してくれるので、新しい機能を追加するときに、どこにどのように追加すればうまく適合するか(あるいはしないか)もよくわかります。しかし、何よりも重要なのは、アーキテクチャの完全なビジュアル表現がなければ気付かないようなサービスの問題点が浮き彫りになることです。コード行を熟読してもサービスの障害点を見つけ出すのは難しいのですが、正確なアーキテクチャ図があればそういった障害点がくっきりと目立ちます。

7.2.3 連絡先とオンコール情報

サービスのドキュメントを見る人は、サービスチームの誰かかもしれないし、そのサービスに悩んでいたり、サービスの仕組みを知りたいと思っていたりするほかのチームの人かもしれません。第2のグループの人々からすると、チームについての情報は役に立つし、必要でもあります。そのため、ドキュメントの**連絡先とオンコール情報**の部分には、いくつかの重要な事実を書き込んでおくようにすべきです。

ここには、チームの全メンバー（一般の開発者、管理職、プログラム/製品マネージャなど）の名前、地位、連絡先を入れておきましょう。そうすれば、ほかのチームの開発者は、サービスが問題を起こしているときやサービスについて質問があるときに、誰に連絡すればよいかがわかります。たとえば依存関係の1つが問題を起こしているときに、誰に連絡を取ればよいか、その人のチーム内での役割は何かがわかれば、チーム間で効率よくコミュニケーションを進められるようになります。

オンコールローテーションについての情報を追加すると（いつ誰がオンコールに当たっているかが正確にわかるように更新しておかなければなりません）、一般的な問題であれ、緊急事態であれ、それを連絡すべき相手が誰か（もちろん、オンコールの当番です）を正確に知ることができます。

7.2.4 リンク

ドキュメントは、マイクロサービスについてのすべての情報を一元的にまとめていなければなりません。開発者がコードを簡単にチェックアウトできるようにするためのリポジトリへのリンク、ダッシュボードへのリンク、マイクロサービスのもともとの技術仕様へのリンク、最新のアーキテクチャレビュースライドへのリンクなどがなければ、すべての情報がまとめられているとは言えないでしょう。ドキュメントの**リンク**のセクションには、ほかのマイクロサービス、マイクロサービスが使っているテクノロジーなど、開発者の役に立ちそうな情報は何でも入れておくようにすべきです。

7.2.5 オンボーディング/開発ガイド

オンボーディング/開発ガイドのセクションの目的は、チームに新加入した開発者に担当するサービスに慣れてもらうとともに、マイクロサービスに機能を追加して、デプロイパイプラインにそれを送り込む方法を教えることです。

このセクションの最初の部分は、サービスを設定するためのステップバイステップガイドです。コードをチェックアウトし、環境を設定し、サービスを起動し、サービスが正しく動作していることを確かめるまでの方法を開発者に説明します（以上を行うために実行しなければならないすべてのコマンド、スクリプトも含んでいなければなりません）。

このセクションの第2の部分は、サービスの開発サイクルとデプロイパイプラインを説明します（本番対応の開発サイクルとデプロイパイプラインの詳細は、**「3.2 開発サイクル」**、**「3.3 デプロイパイプライン」**を参照）。ここでは、各手順の技術的な詳細（実行しなければならないコマンドとその実行例など）を示します。具体的には、コードのチェックアウト方法、コードの書き換え方、（必要な場合）変更点に対する単体テストの書き方、必須テストの実行方法、コード変更のコミットの方法、コードレビューにコードを送る方法、サービスが正しくビルド、リリースできることの確認方法、デプロイの方法（サービスのデプロイパイプラインの設定方法も含む）などです。

7.2.6 リクエストフロー、エンドポイント、依存関係

ドキュメントには、マイクロサービスの**リクエストフロー、エンドポイント、依存関係**についての重要情報も含まれていなければなりません。

リクエストフローのドキュメントは、アプリケーションのリクエストフローを示す図です。アーキテクチャ図の中でリクエストフローを詳しく描ける場合は、アーキテクチャ図で構いません。図には、マイクロサービスに送られるリクエストの種類や処理方法についての説明を付けなければなりません。

ここには、サービスのすべてのAPIエンドポイントのドキュメントも入れます。通常は、エンドポイントの名前、レスポンス、行うことの説明を箇条書きにすれば十分です。わかりやすく明確に書いて、ほかのチームの開発者が、あなたのサービスのAPIエンドポイントの説明を読み、マイクロサービスをブラックボックスとして扱ってエンドポイントに正しくアクセスし、望み通りの結果が得られるようにしなければなりません。

このセクションの第3の要素は、依存関係についての情報です。依存関係と関連するエンドポイント、サービスが依存関係に対して行うリクエスト、依存関係のSLA、障害が起こったときの代替サービス/キャッシュ/バックアップについての情報、ドキュメントとダッシュボードのリンクをまとめます。

7.2.7 オンコールランブック

「6章 監視」で説明したように、オンコールランブックにはすべてのアラートを搭載し、トリアージ、緩和、解決の方法のステップバイステップの説明を付けなければなりません。オンコールランブックは、サービスの一元管理されたドキュメントの**オンコールランブック**セクションに収め、新しいエラーをトラブルシューティング、デバッグするための一般的な説明と詳細説明の両方を含んでいなければなりません。

優れたランブックは、オンコールの要件と手続きの一般的な説明から始まり、サービスのアラートの完全なリストが続きます。個々のアラートについて、名前、アラートの説明、問題の説明、アラートのトリアージ、緩和、解決方法のステップバイステップガイドが含まれていなければなりません。アラートに関して組織として必要とされる情報も必要です。問題の深刻度、アラートが機能停止を示すものかどうか、チームと(必要な場合は)技術組織のその他のチームにインシデントや機能停止をどのように伝えるかといったことです。

ランブックは、午前2時の眠い開発者でも理解できるように書く

オンコール開発者は、早朝深夜を含む1日の任意の時間に呼び出される場合があります(現実に「呼び出される」と言い切ってもよいでしょう)。オンコールランブックは、半分寝ている開発者でも難なくたどれるように書かれていなければなりません。

明確でわかりやすいオンコールランブックを書くことはきわめて大切です。サービスのダウンタイムをごくごく短時間で抑えるために、オンコールで呼び出された開発者や、サービスの問題に悩む開発者が、いずれもきわめて短い時間で問題を診断し、インシデントの影響を緩和し、問題を解決することができるように書かれていなければなりません。

すべてのアラートが簡単に緩和、解決できるわけではないし、ほとんどの機能停止は未経験のものです（最近のデプロイで入り込んだコードのバグによるものを別にしても）。オンコールランブックには、**トラブルシューティングとデバッグ**というセクションを設け、戦略的で方法論に沿った形で新しい問題にアプローチするためのヒントを入れておけば、開発者がこれらの問題を賢く処理するために役立ちます。

7.2.8 FAQ

サービスについてよく質問されることに対する回答をまとめたセクションは、ドキュメントの中でもつい忘れがちな部分です。ドキュメントにFAQセクションを入れておけば、オンコール担当者、そしてチーム全体が頻繁に質問される事項にいちいち答えなくても済むようになります。

ここで回答を載せておくべき質問には2つの種類があります。第1の種類は、ほかのチームの開発者がサービスについて行う質問です。FAQでこの種の質問をどのように扱うべきかは簡単です。誰かが質問をしてきたら、また誰かが同じことを尋ねるだろうと考えて、FAQに追加すればよいのです。第2の種類は、チームメンバーからの質問ですが、これも同じようなアプローチで扱います。サービスに関連して何かをいつ、なぜ、どのように行わなければならないかを尋ねられたら、それをFAQに追加するのです。

まとめ：本番対応のマイクロサービスのドキュメントの構成要素

- マイクロサービスとマイクロサービスエコシステム、事業全体の中でのマイクロサービスの位置についての説明
- 俯瞰的に抽象化された形でサービスとクライアント、依存関係のアーキテクチャを詳細に示すアーキテクチャ図
- マイクロサービス開発チームの連絡先とオンコールの情報
- リポジトリ、ダッシュボード、サービスの技術仕様、アーキテクチャレビュー、その他関連情報、役に立つ情報へのリンク
- 開発プロセスとデプロイパイプラインの詳細、その他サービスのコードを書く開発者にとって役に立つあらゆる情報をまとめたオンボーディング/開発ガイド

- マイクロサービスのリクエストフロー、SLA、本番対応と言える状態、APIエンドポイント、重要なクライアントと依存関係についての詳細情報
- インシデントや機能停止に対する一般的な処理手続き、個々のアラートのトリアージ、緩和、解決方法のステップバイステップガイド、一般的なトラブルシューティング、デバッグガイドを含むオンコールランブック
- FAQセクション

7.3 マイクロサービスについての組織的な理解

一元管理された最新の包括的なドキュメントは、本番対応のマイクロサービスのドキュメントと組織的な理解のごく一部でしかありません。個別の開発チームだけでなく、組織全体がマイクロサービスをよく理解するためには、ドキュメントを書き、更新することに加えて組織的なプロセスが必要になります。よく理解されているマイクロサービスは、本番対応のあらゆる要件を満たしたものになることが多いものです。

マイクロサービスに対する理解は、開発者、チーム、組織にとってかけがえのないものです。一見したところ、マイクロサービスの「理解」という概念は漠然としていて役に立たない感じがするかもしれませんが、本番対応の概念を使えば、マイクロサービスの理解とはどのようなものかをあらゆるレベルで導き出し、定義することができます。本番対応の標準と要件に、組織としての複雑な問題とマイクロサービスアーキテクチャを採用することによる問題の理解を加えれば、開発者は個々のマイクロサービスに対する自分の理解を定量化し、(この章の冒頭で読者に促したように)組織の所属チーム以外の人々に葱を与えることができます。

個々の開発者のレベルでは、理解とは自分のマイクロサービスについての質問に答えられることです。たとえば、担当するマイクロサービスがスケーラブルかどうかを尋ねられたら、スケーラビリティの要件のリストを見ながら自信を持って「はい」、「いいえ」、またはその間の答え(たとえば、「要件xとzは満たしていますが、yはまだ満たしていません」)を言えるはずです。同様に、マイクロサービスに耐障害性があるかどうかを尋ねられたら、障害のすべてのシナリオと起こり得る大惨事をすらすらと列挙し、さまざまなタイプの回復性テストを使ってそれぞれにどのような対策を準備したかを説明できるはずです。

チームレベルでの**理解**とは、マイクロサービスが本番対応に関してどのような位置にあって、本番対応状態に達するために何を実現しなければならないかがわかっていることです。チームが成功を収めるためには、これがチームの文化の一部になっていなければなりません。チームは、本番対応の標準と要件に基づいて意思決定を行う必要があります。そして、本番対応の標準と要件は、単なるチェックリストのチェックボックスではなく、可能な限り最高のマイクロサービスを構築する方向にチームを導く原則として扱わなければなりません。

理解は組織自体の中にも織り込まれていなければなりません。そのためには、本番対応の標準と要件が全社的なプロセスの一部になっている必要があります。サービスが構築される前の**技術仕様**がレビューに回されるときから、サービスは本番対応の標準と要件に基づいて評価できます。開発者、アーキテクト、運用エンジニアは、サービスが実行される前から、サービスが安定性、信頼性、スケーラビリティ、パフォーマンス、耐障害性、大惨事対応、適切な監視、適切なドキュメントと組織的な理解を備えていることを確認できます。このようにしてサービスが本番トラフィックの処理を始めたときには、そのサービスは可用性を意識して設計され、可用性が高くなるように最適化されていることがわかっており、本番トラフィックを安心して委ねることができます。

しかし、マイクロサービスのライフサイクルの冒頭から本番対応を意識してレビュー、設計しているだけでは不十分です。既存のサービスを絶えずレビュー、監査し、個々のマイクロサービスの品質が十分高い水準に保たれ、さまざまなマイクロサービスチームとマイクロサービスエコシステム全体で高可用性と信頼を保証しなければなりません。既存サービスの本番対応の監査とその結果の社内伝達を自動化すると、組織全体でマイクロサービスエコシステム全体の品質向上に取り組む意識を確立するために役に立ちます。

7.3.1 アーキテクチャレビュー

千を超えるマイクロサービスとその開発チームで本番対応の標準と要件を明確化することを推進してきて学んだことですが、マイクロサービスに対する組織的な理解を実現するためのもっとも効果的な方法は、個々のマイクロサービスについてスケジュールを設定して**アーキテクチャレビュー**を実施することです。優れたアーキテクチャレビューは、サービスのための仕事をしているすべての開発者とSRE（またはその他の運用エンジニア)が一堂に会して、ホワイトボードにサービスのアーキテクチャを描き、そのアーキテクチャを徹底的に評価する会議です。

始めてからほんの数分のうちに、開発者、チームレベルでの理解の範囲がどの程度のものかが非常にはっきりと正確に見えてきます。開発者たちは、アーキテクチャについて話しているうちに、スケーラビリティとパフォーマンスのボトルネック、以前見つからなかった障害点、起こり得るインシデントや機能停止、大惨事のシナリオ、追加すべき新機能などに気付いていきます。過去に下したアーキテクチャ上の決定のまずさが明らかになり、新しい、よりよいテクノロジーに置き換えるべき古いテクノロジーがはっきりと見えるようになります。生産的で客観的な評価、議論のために、大規模分散システムアーキテクチャ（および特定のマイクロサービスエコシステム）を扱った経験を持ち、開発者が気付かないような問題を指摘できるほかのチームの(特に、インフラストラクチャ、DevOps、SRE)エンジニアを招くと効果的です。

会議を開くたびに、数週間、数か月間のうちに取り組むべきプロジェクトのリストとともに、サービスの新しく更新されたアーキテクチャ図が作られるはずです。新しいアーキテクチャ図はドキュメントに追加し、プロジェクトのリストはサービスの**ロードマップ**(「**7.3.3　本番対応のロードマップ**」を参照)と**OKR**(目標と主要な結果)に組み込みます。

マイクロサービス開発は速いペースで進むので、マイクロサービスは速いペースで進化し、マイクロサービスエコシステムの下位レイヤも絶えず変化します。アーキテクチャとアーキテクチャに対する理解を生産的で的確なものに保つためには、このような会議を定期的に行う必要があります。私が見つけた目安は、OKRやプロジェクトの立案と合わせてスケジュールするとよいということです。プロジェクトやOKRが四半期ごとに立案されているなら、四半期に1度、立案のサイクルが始まる前にアーキテクチャレビューを行うとよいでしょう。

7.3.2　本番対応の監査

マイクロサービスが本番対応の標準と要件を満たし、本当に本番対応になっているかどうかを確かめるためには、サービスに対して**本番対応の監査**を実施します。監査の実施方法は単純です。本番対応の要件のチェックリストを用意して、サービスが個々の要件を満たしているかどうかを確認していきます。これを実施すると、サービスの理解が深まります。個々の開発者やチームは、監査が終わるまでに、自分たちのサービスがどの位置にいてどの部分を改善すればよいかを把握しているでしょう。

監査の構造は、技術組織が受け入れた本番対応の標準と要件を反映したものにします。監査の機会を利用して、サービスの安定性、信頼性、スケーラビリティ、耐障害性、大惨事対応、パフォーマンス、監視、ドキュメントを定量化するのです。今までの章で説明してきたように、個々の標準には、サービスを標準の水準まで引き上げるための一連の要件が付随しています。個々の本番対応の要件は、技術組織のニーズや目標に合わせて調整するようにします。実際の要件は、その会社のマイクロサービスエコシステムの細部によって変わるでしょう。しかし、標準と基本的な要件は、すべてのエコシステムで共通です（本番対応の標準と一般的な要件をまとめたチェックリストは、付録Aを参照）。

7.3.3 本番対応へのロードマップ

マイクロサービス開発チームが自分たちのマイクロサービスに対して本番対応の監査を実施し、サービスが本番対応になっているかどうかがわかったら、次はサービスを本番対応にするための計画を立案することになります。この作業は監査のために簡単になっています。この時点で、チームは自分たちのサービスがどの本番対応を満たしていないかを示すチェックリストを持っています。あとは満たされていない要件を満たすようにするだけです。

ここで**本番対応へのロードマップ**を作ります。私の経験では、このロードマップは、本番対応とマイクロサービスを組織的に理解するために非常に役立ちます。個々のマイクロサービスは異なっており、要件を満たしていない実装の詳細は、サービスごとにまちまちです。そこで、そういった実装の詳細をすべてまとめた詳細なロードマップを作れば、マイクロサービスを本番対応にする方向にチームを導いていくことができます。満たさなければならない要件ごとに、技術的な詳細、要件に関連して起こった問題（機能停止やインシデント）、タスク管理システムのチケットに対するリンク、そのプロジェクトの仕事をする開発者の名前をまとめていくのです。

ロードマップとその中に含まれている満たされていない本番対応の要件のリストは、サービスのための計画や（使われている場合は）OKRの一部にすることができます。本番対応の要件を満たす作業は、機能の開発や新テクノロジーの採用と並行して進めるとうまくいきます。マイクロサービスエコシステムの個々のサービスが安定性、信頼性、スケーラビリティ、パフォーマンス、耐障害性、大惨事対応、監視、ドキュメントと組織的な理解を備えたものになるようにしていくことは、それらのサービスを本番対応にして、マイクロサービスエコシステム全体の可用性を保証するための測定可能な方法です。

7.3.4 本番対応チェックの自動化

アーキテクチャレビュー、監査、ロードマップによって、マイクロサービスの開発者、チームレベルの理解という課題は解決されます。しかし、組織全体のレベルでの理解を生み出すためには、部品がもう1つ必要です。今までにすでに示したように、マイクロサービスを本番対応にしていくための作業はほとんど手動であり、開発者がそれぞれ自分で監査の手順をたどり、タスク、リスト、ロードマップを作り、個々の要件を確認していかなければなりません。もっとも生産的で本番対応を重視しているチームでも、この種の手作業は後回しにされ、技術的負債の一部になってしまうことが多いでしょう。

ソフトウェアエンジニアリングのプラクティスの主要な原則の1つは、何かを複数回手動で行ったら、それを自動化し、二度と手動で行わなくても済むようにするということです。これは、運用の仕事、1度限りの特別な作業、端末に入力しなければならないあらゆるものに当てはまります。そして、意外なことではありませんが、技術組織全体に本番対応の標準を浸透させる作業にも当てはまります。自動化は、開発チームに贈ることのできる葱の中では最高のものです。

すべてのマイクロサービスのために本番対応の要件のリストを作るのは簡単なことです。私自身、Uberで実際に作ったことがありますが、ほかの開発者がそれぞれの会社のために本書で示したのとまったく同じ本番対応の標準をまとめたのを見たこともあります。そして、本書には私が作ったチェックリストのテンプレートがあり（付録Aを参照）、読者はそれを自由に使って構いません。この種のリストがあれば、チェックリストを自動化するのは比較的簡単なことです。たとえば、耐障害性と大惨事対応をテストするときには、適切な回復性テストが作られ、実行されているか、個々のマイクロサービスがテストに成功しているかを自動チェックで確かめられます。

こういった本番対応のチェックの自動化が難しいかどうかは、マイクロサービスエコシステムの各レイヤに含まれるサービスの複雑度によって決まります。すべてのマイクロサービスとセルフサービスツールが適切なAPIを持っていれば、自動化は簡単なものです。サービスがやり取りで問題を抱えていたり、セルフサービスツールにできの悪いものがあれば、（本番対応だけでなく、サービスやマイクロサービスエコシステム全体の完全性という点でも）苦労するでしょう。

本番対応チェックを自動化すると、複数の重要で効果的なポイントで組織全体の理解が進みます。チェックを自動化し、絶えず実行するようにすると、組織内のチームは、個々のマイクロサービスがどのような状況になっているのかをいつも把握できるようになります。個々のマイクロサービスに本番対応のスコアを付けて結果を社内で公開し、ビジネスクリティカルなサービスの本番対応スコアには高い条件を設けてデプロイの条件にするとよいでしょう。このようにすると、本番対応は技術組織の文化の一部となり、本番対応を実現するための確実な方法になります。

7.4 マイクロサービスの評価基準

ドキュメントについての理解を深めたところで、次の質問のリストを使って、マイクロサービスとマイクロサービスエコシステムの本番対応を評価してみましょう。質問はテーマ別に分類されており、この章の節に対応しています。

7.4.1 マイクロサービスのドキュメント

- マイクロサービスのドキュメントは一元管理、共有され、簡単にアクセスできる場所に格納されているか。
- ドキュメントは簡単に検索できるか。
- マイクロサービスを大きく変更したときには、マイクロサービスのドキュメントも更新されているか。
- マイクロサービスのドキュメントにマイクロサービスの説明が含まれているか。
- マイクロサービスのドキュメントにアーキテクチャ図が含まれているか。
- マイクロサービスのドキュメントに連絡先とオンコール情報が含まれているか。
- マイクロサービスのドキュメントに重要な情報へのリンクが含まれているか。
- マイクロサービスのドキュメントにオンボーディング/開発ガイドが含まれているか。
- マイクロサービスのドキュメントにリクエストフロー、エンドポイント、依存関係についての情報が含まれているか。
- マイクロサービスのドキュメントにオンコールランブックが含まれているか。

- マイクロサービスのドキュメントにFAQセクションが含まれているか。

7.4.2 マイクロサービスについての組織的な理解

- チームのすべての開発者がマイクロサービスの本番対応についての質問に答えられるか。
- すべてのマイクロサービスが満たさなければならない原則や標準はまとめられているか。
- 新規開発されるマイクロサービスが通過しなければならない技術仕様プロセスはあるか。
- 既存のマイクロサービスのレビュー、監査は頻繁に行われているか。
- すべてのマイクロサービスチームでアーキテクチャレビューが行われているか。
- 本番対応の監査プロセスは用意されているか。
- マイクロサービスを本番対応の状態に引き上げるためのロードマップが使われているか。
- 会社のOKRは本番対応の標準に基づいて設定されているか。
- 本番対応のチェックプロセスは自動化されているか。

付録A
本番対応のチェックリスト

このチェックリストは、手動であれ自動化された形であれ、すべてのマイクロサービスに対して使えるものです。

A.1 本番対応サービスは安定性、信頼性を備えている

- 標準化された開発サイクルがある。
- コードは、lintテスト、単体テスト、統合テスト、エンドツーエンドテストを通じて徹底的にテストされている。
- テスト、パッケージング、ビルド、リリースプロセスが完全に自動化されている。
- ステージング、カナリア、本番のフェーズを備えた標準的なデプロイパイプラインがある。
- クライアントがわかっている。
- 依存関係がわかっており、障害が起こったときのために、バックアップ、代替サービス、フォールバック、キャッシュが用意されている。
- 安定性、信頼性のあるルーティング、検出が備わっている。

A.2 本番対応サービスはスケーラブルでパフォーマンスが高い

- 質的、量的な成長の判断基準がわかっている。
- ハードウェアリソースを効率よく使っている。
- リソースの要件とボトルネックがわかっている。
- キャパシティプランニングが自動化され、スケジュールに基づいて実行されている。

- 依存関係がマイクロサービスとともにスケーリングできる。
- クライアントに合わせてスケーリングできる。
- トラフィックのパターンがわかっている。
- 障害が起こったときにはトラフィックのルーティングを変えられる。
- スケーラビリティとパフォーマンスを確保できるプログラミング言語で書かれている。
- 高いパフォーマンスが得られるように、タスクを処理している。
- スケーラブルで高いパフォーマンスが得られるように、データを処理、格納している。

A.3　本番対応サービスは耐障害性があり大惨事対応力がある

- 単一障害点がない。
- あらゆる障害のシナリオと起こり得る大惨事が明らかになっている。
- コードテスト、ロードテスト、カオステストを通じて回復性がテストされている。
- 障害の検出と修正が自動化されている。
- マイクロサービス開発チーム内でも、組織全体でもインシデント、機能停止に対処するための手順が標準化されている。

A.4　本番対応サービスは適切に監視されている

- ホスト、インフラストラクチャ、マイクロサービスレベルで主要メトリックが特定され、監視されている。
- マイクロサービスの過去の状態を正確に記録する適切なロギングシステムがある。
- すべてのメトリックが含まれていてわかりやすいダッシュボードがある。
- アクション可能で、しきい値に基づいて定義されているアラートシステムがある。
- 監視とインシデントや機能停止への対応を行うオンコールローテーションが実施されている。
- インシデントや機能停止を処理するための明確に定義され、標準化されているオンコール手続きがある。

A.5 本番対応サービスはドキュメントが整備され、組織的に理解されている

- 包括的なドキュメントがある。
- ドキュメントが定期的に更新されている。
- ドキュメントには、マイクロサービスの説明、アーキテクチャ図、連絡先とオンコールの情報、重要情報へのリンク、オンボーディング/開発ガイド、サービスのリクエストフロー、エンドポイント、依存関係についての情報、オンコールランブック、FAQに対する回答が含まれている。
- ドキュメントが開発者、チーム、組織の各レベルでよく理解されている。
- ドキュメントが本番対応の標準に準拠しており、対応する要件を満たしている。
- アーキテクチャが頻繁にレビュー、監査されている。

付録B
マイクロサービスの評価基準

読者のマイクロサービスとマイクロサービスエコシステムの本番対応を評価するために、第3章から第7章までの末尾の部分は、それぞれの章で取り上げた本番対応についての質問のリストになっています。質問はテーマ別に分類され、各章の節に対応しています。参照しやすくするために、各章のすべての質問を改めてここにまとめておきました。

B.1 安定性と信頼性

B.1.1 開発サイクル

- マイクロサービスは、すべてのコードが格納される一元管理されたリポジトリを持っているか。
- 開発者は、本番環境の状態（たとえば、現実世界）を正確に反映している開発環境で作業をしているか。
- マイクロサービスのための適切なlintテスト、単体テスト、統合テスト、エンドツーエンドテストは揃っているか。
- コードレビューの手続きや方針を用意してあるか。
- テスト、パッケージング、ビルド、リリースのプロセスは自動化されているか。

B.1.2 デプロイパイプライン

- マイクロサービスエコシステムは、標準化されたデプロイパイプラインを持っているか。
- デプロイパイプラインに、完全ステージングか部分ステージングのステージングフェーズが含まれているか。

- ステージング環境は本番サービスに対してどのようなアクセスをするか。
- デプロイパイプラインにカナリアフェーズはあるか。
- あらゆる障害を捕捉できるくらいの期間を使って、カナリアフェーズでデプロイを実行しているか。
- カナリアフェーズは、本番トラフィックのランダムなサンプルを正確にホスティングしているか。
- マイクロサービスのポートは、カナリアと本番で同じになっているか。
- 本番環境へのデプロイは1度にまとめて行っているか、それとも漸進的に展開しているか。
- 緊急時にステージング、カナリアフェーズを省略するための手順は用意してあるか。

B.1.3　依存関係

- マイクロサービスの依存関係はどれか。
- マイクロサービスのクライアントはどれか。
- このマイクロサービスは、依存関係の障害の影響をどのようにして緩和しているか。
- 個々のパスにバックアップ、代替サービス、フォールバック、防御的キャッシュは用意してあるか。

B.1.4　ルーティングと検出

- マイクロサービスの信頼性に対する健全性チェックは実行されているか。
- 健全性チェックは、マイクロサービスの健全性を正確に反映しているか。
- 健全性チェックは、通信レイヤ内で別チャネルを使って実行されているか。
- 不健全なマイクロサービスがリクエストを発行するのを防ぐサーキットブレーカーは配置されているか。
- 不健全なホストやマイクロサービスに本番トラフィックが送られるのを防ぐサーキットブレーカーは配置されているか。

B.1.5　非推奨と廃止

- マイクロサービスを廃止するための手続きは用意してあるか。

- マイクロサービスのAPIエンドポイントを非推奨にするための手続きは用意してあるか。

B.2　スケーラビリティとパフォーマンス

B.2.1　成長の判断基準

- このマイクロサービスの質的な成長の判断基準は何か。
- このマイクロサービスの量的な成長の判断基準は何か。

B.2.2　リソースの効率的な利用

- マイクロサービスを実行しているのは専用ハードウェアか、それとも共有ハードウェアか。
- リソースの抽象化、配分のためのテクノロジーを使っているか。

B.2.3　リソースの把握

- マイクロサービスのリソース要件（CPU、RAMなど）はどうなっているか。
- マイクロサービスの1インスタンスが処理できるトラフィックはどれくらいか。
- マイクロサービスの1インスタンスが必要とするCPUキャパシティはどれくらいか。
- マイクロサービスの1インスタンスが必要とするメモリはどれくらいか。
- このマイクロサービスならではのリソース要件がほかにあるか。
- このマイクロサービスのリソースのボトルネックは何か。
- このマイクロサービスは、水平スケーリング、垂直スケーリング、またはその両方を必要とするか。

B.2.4　キャパシティプランニング

- スケジュールに基づいてキャパシティプランニングを行っているか。
- 新しいハードウェアのリードタイムはどれくらいか。
- ハードウェアリクエストはどのような頻度で発生するか。
- ハードウェアリクエストが優先的に認められるマイクロサービスはあるか。
- キャパシティプランニングは自動化されているか、それとも手動か。

B.2.5 依存関係のスケーリング

- このマイクロサービスの依存関係は何か。
- 依存関係はスケーラブルでパフォーマンスが高いか。
- 依存関係のスケーリングは、このマイクロサービスの予想される成長について来ることができるか。
- 依存関係の所有者は、このマイクロサービスの予想される成長に対して準備ができているか。

B.2.6 トラフィック管理

- マイクロサービスのトラフィックパターンはしっかりと理解できているか。
- サービスへの変更の日程は、トラフィックパターンを中心として組まれているか。
- トラフィックパターンの極端な変化（特にトラフィックのバースト）は、注意を払って適切に処理されているか。
- 障害が起こったときに、トラフィックを自動的にほかのデータセンターにルーティングできるようになっているか。

B.2.7 タスクの処理

- マイクロサービスは、スケーラブルでパフォーマンスの高いサービスを作れるプログラミング言語で書かれているか。
- マイクロサービスのリクエストの処理方法の中に、スケーラビリティやパフォーマンスが制限される要因は含まれているか。
- マイクロサービスのタスクの処理方法の中に、スケーラビリティやパフォーマンスが制限される要因は含まれているか。
- マイクロサービスチームの開発者たちは、サービスがタスクをどのように処理しているか、その処理はどれくらい効率的か、タスクやリクエストの数が増減したときにどのように対応するかを理解しているか。

B.2.8 スケーラブルなデータストレージ

- このマイクロサービスは、スケーラブルでパフォーマンスの高い形でデータを処理しているか。

- マイクロサービスが格納しなければならないデータは、どのような種類のものか。
- マイクロサービスのデータで必要とされるスキーマは、どのようなものか。
- 毎秒何トランザクションを処理しなければならないか、実際に処理されているのは何トランザクションか。
- このマイクロサービスは、より高い読み書きパフォーマンスを必要としているか。
- このマイクロサービスは、リードヘビー、ライトヘビー、またはその両方か。
- このマイクロサービスのデータベースは水平スケーリング、または垂直スケーリングされるか。レプリケートされたり、パーティション分割されたりしているか。
- このマイクロサービスは、専用データベースと共有データベースのどちらを使っているか。
- このマイクロサービスは、テストデータをどのように処理、格納しているか。

B.3　耐障害性と大惨事対応

B.3.1　単一障害点の除去

- マイクロサービスに単一障害点はあるか。
- マイクロサービスに複数の障害点があるか。
- 障害点は取り除けるか、それとも緩和が必要なものか。

B.3.2　大惨事と障害のシナリオ

- マイクロサービスの障害シナリオと発生し得る大惨事はすべて特定できているか。
- マイクロサービスエコシステム全体を通じてよく起こる障害は何か。
- このマイクロサービスに影響を与えるハードウェアレイヤの障害のシナリオは何か。
- このマイクロサービスに影響を与える通信、アプリケーションプラットフォームレイヤの障害のシナリオは何か。
- このマイクロサービスに影響を与える依存関係の障害はどのようなものか。

- このマイクロサービスを停止させる可能性のある内部障害は何か。

B.3.3 回復性テスト

- このマイクロサービスは適切なlintテスト、単体テスト、統合テスト、エンドツーエンドテストを持っているか。
- このマイクロサービスは定期的にスケジューリングされたロードテストを実行しているか。
- すべての障害のシナリオがカオステストとして実装され、テストされているか。

B.3.4 障害の検出と修正

- 技術組織全体でインシデントや機能停止に対処するための標準的なプロセスが作られているか。
- このマイクロサービスの障害や機能停止は、ビジネスにどのような影響を及ぼすか。
- 明確に定義された障害のレベルはあるか。
- 明確に定義された緩和戦略はあるか。
- インシデントや機能停止が発生したとき、チームは5段階のインシデント対応に従っているか。

B.4 監視

B.4.1 主要メトリック

- このマイクロサービスの主要メトリックは何か。
- ホスト、インフラストラクチャのメトリックは何か。
- マイクロサービスレベルのメトリックは何か。
- マイクロサービスの主要メトリックはすべて監視されているか。

B.4.2 ロギング

- このマイクロサービスがロギングしなければならない情報は何か。
- このマイクロサービスは、すべての重要なリクエストをロギングしているか。
- ログは、特定の時点におけるマイクロサービスの状態を正確に反映しているか。
- このロギングソリューションはコスト効果が高く、スケーラブルか。

B.4.3 ダッシュボード

- このマイクロサービスはダッシュボードを持っているか。
- ダッシュボードはわかりやすいか。すべての主要メトリックがダッシュボードに表示されているか。
- ダッシュボードを見ただけでこのマイクロサービスが正しく動作しているかどうかがわかるか。

B.4.4 アラート

- すべての主要メトリックに対してアラートが設定されているか。
- すべてのアラートが適切なしきい値によって定義され、有効なシグナルを送れるようになっているか。
- 機能停止が起こる前にアラートが生成されるように、適切なしきい値が設定されているか。
- すべてのアラートがアクション可能になっているか。
- オンコールランブックは、すべてのアラートのトリアージ、緩和、解決の方法をステップバイステップで説明しているか。

B.4.5 オンコールローテーション

- このマイクロサービスを監視するための専用のオンコールローテーションが作られているか。
- オンコールシフトの担当者は最低でも2人以上になっているか。
- 技術組織全体で標準化されたオンコール手続きはあるか。

B.5 ドキュメントと組織的な理解

B.5.1 マイクロサービスのドキュメント

- マイクロサービスのドキュメントは一元管理、共有され、簡単にアクセスできる場所に格納されているか。
- ドキュメントは簡単に検索できるか。
- マイクロサービスを大きく変更したときには、マイクロサービスのドキュメントも更新されているか。

- マイクロサービスのドキュメントにマイクロサービスの説明が含まれているか。
- マイクロサービスのドキュメントにアーキテクチャ図が含まれているか。
- マイクロサービスのドキュメントに連絡先とオンコール情報が含まれているか。
- マイクロサービスのドキュメントに重要な情報へのリンクが含まれているか。
- マイクロサービスのドキュメントにオンボーディング/開発ガイドが含まれているか。
- マイクロサービスのドキュメントにリクエストフロー、エンドポイント、依存関係についての情報が含まれているか。
- マイクロサービスのドキュメントにオンコールランブックが含まれているか。
- マイクロサービスのドキュメントにFAQセクションが含まれているか。

B.5.2　マイクロサービスについての組織的な理解

- チームのすべての開発者がマイクロサービスの本番対応についての質問に答えられるか。
- すべてのマイクロサービスが満たさなければならない原則や標準はまとめられているか。
- 新規開発されるマイクロサービスが通過しなければならない技術仕様プロセスはあるか。
- 既存のマイクロサービスのレビュー、監査は頻繁に行われているか。
- すべてのマイクロサービスチームでアーキテクチャレビューが行われているか。
- 本番対応の監査プロセスは用意されているか。
- マイクロサービスを本番対応の状態に引き上げるためのロードマップが使われているか。
- 会社のOKRは本番対応の標準に基づいて設定されているか。
- 本番対応のチェックプロセスは自動化されているか。

用語集

3層アーキテクチャ（three-tier architecture）
フロントエンド（クライアントサイド）、バックエンド、何らかのデータベースから構成される、アプリケーションの基本アーキテクチャ。

API（アプリケーションプログラミングインターフェイス、application programming interface）
個々のマイクロサービスの明確に定義されたクライアントサイドインターフェイスで、ほかのサービスが静的なエンドポイントにリクエストを送ってプログラム内からマイクロサービスとやり取りできるようにする。

lintテスト（lint test）
構文やスタイルのエラーをチェックするテストで、コードテストスイートの一部である。

RPC（リモートプロシージャコール、remote procedure call）
ネットワークを介してリモートサーバを呼び出すもので、ローカルな関数呼び出しとまったく同じような外見で同じように動作するように設計されている。マイクロサービスアーキテクチャを含むあらゆる大規模分散システムで多用される。

SRE（サイト信頼性エンジニア、サイトリライアビリティエンジニア、site reliability engineer）
技術組織内のアプリケーション、マイクロサービス、システムを確実に利用できる状態に保つための仕事をする大企業の運用エンジニア。

アーキテクチャ図（architecture diagram）
マイクロサービスのアーキテクチャを俯瞰的に眺めたビジュアルな表現。

アーキテクチャレビュー（architecture review）
マイクロサービスのアーキテクチャを評価、理解、改善するための組織的な実践とプロセス。

アクション可能なアラート（actionable alert）
生成されたときにオンコールローテーションがトリアージ、緩和、解決のために従うことのできるステップバイステップの手順が用意されているアラート。

アプリケーションプラットフォームレイヤ（application platform layer）
マイクロサービスエコシステムの第3レイヤ

で、セルフサービス内部ツール、開発環境、テスト、パッケージング、ビルド、リリースツール、デプロイパイプライン、マイクロサービスレベルロギング、マイクロサービスレベル監視を含んでいる。

アラート (alerting)
サービスの主要メトリックのどれかが危機的、または警戒のアラートしきい値に達したときにオンコール開発者に通知を送ること。

アラートしきい値 (alert threshold)
主要メトリックが正常、警告、危険のどのレベルにいるかを示す静的または動的な数値で、主要メトリックごとに設定される。

依存関係 (dependency)
マイクロサービスがリクエストを送るほかのマイクロサービスのこと。マイクロサービスが依存するライブラリや外部（サードパーティ）サービスも、本訳書では「依存関係」と呼んでいる。

インフラストラクチャ (infrastructure)
本書では、アプリケーションプラットフォームレイヤと通信レイヤの組み合わせか、マイクロサービスエコシステムの下位3レイヤ（ハードウェアレイヤ、通信レイヤ、アプリケーションプラットフォームレイヤ）を指している。

運用エンジニア (operational engineer)
アプリケーションの実行に関連する仕事を主な職務とするエンジニアで、システム管理者、TechOpsエンジニア、DevOpsエンジニア、SRE（サイト信頼性エンジニア）が含まれる。

エンドツーエンドテスト (end-to-end test)
エンドポイント、クライアント、依存関係、データベースをテストして、アプリケーション、サービス、システムに対する変更が期待通りに動作するかどうかを確認するテスト。

エンドポイント (endpoint)
本書では、リクエストのルーティング先となるマイクロサービスの静的APIエンドポイント（HTTP、Thriftなど）を指している。

オンコールランブック (on-call runbook)
インシデントや機能停止の一般的な対処手順、個々のアラートのトリアージ、緩和、解決の方法のステップバイステップの説明、マイクロサービスのデバッグ、トラブルシューティングの一般的なヒントをまとめたマイクロサービスのドキュメントの部分。サービスのオンコールを担当する開発者や運用エンジニアが使う。

オンコールローテーション (on-call rotation)
24時間体制でアプリケーション、マイクロサービス、システムのアラート、インシデント、障害のトリアージ、緩和、解決を担う開発者や運用エンジニアのグループ。

開発環境 (development environment)
開発者がマイクロサービスのコードを書くために使うツール、環境変数、プロセスがまとめられたシステム。

開発サイクル (development cycle)
アプリケーション、マイクロサービス、システムを開発するためのプロセス全体。

開発者のベロシティ（developer velocity）
開発チームがイテレーションをこなして新機能を展開、デプロイするスピード。

外部障害（external failure）
マイクロサービスエコシステムのスタックの下位3レイヤで起こる障害。

カナリアフェーズ（canary）
デプロイパイプラインの第2フェーズで、本番トラフィックのごくわずかな割合（全体の2%から5%）を処理するサーバから構成される。ステージングフェーズを通過したがまだすべての本番フェーズのサーバに展開されていない新しいビルドをテストするために使われる。

監視（monitoring）
アプリケーションやマイクロサービスの主要メトリックの状態、健全性、動作を長期にわたって観察、監視すること。

完全ステージング（full staging）
デプロイパイプラインのステージングフェーズで、本番環境の完全なミラーを実行すること。

機能停止（outage）
アプリケーション、マイクロサービス、その他のシステムがアクセス不能になる障害（ダウンタイムが発生する）。

逆コンウェイの法則（Inverse Conway's Law）
コンウェイの法則の逆で、企業の組織構造は、製品のアーキテクチャによって決まるという考え方。

キャパシティプランニング（capacity planning）
スケジュールと日程に基づいてリソース配分を行う組織的な取り組み。

共有ハードウェア（shared hardware）
複数のアプリケーション、マイクロサービス、システムをホスティングするサーバ、または複数のアプリケーション、マイクロサービス、システムのデータを格納するデータベース。

クラウドプロバイダ（cloud provider）
AWS（Amazon Web Services）、GCP（Google Cloud Platform）、Microsoft Azureなど、セキュアなネットワークを通じて簡単にアクセスできるハードウェアリソースを貸し出す企業。

継続的インテグレーション（continuous integration）
スケジュールされたタイミングで継続的に新しいコード変更を自動的に統合、テスト、パッケージング、ビルドするプロセス。

コードテスト（code testing）
マイクロサービスの構文、スタイル、個別のコンポーネントをチェックし、コンポーネントがどのように連携するか、マイクロサービスが複雑な依存の連鎖の中でどのように動作するかをチェックするテストで、lintテスト、単体テスト、統合テスト、エンドツーエンドテストから構成される。

コンウェイの法則（Conway's Law）
製品のアーキテクチャは、開発した企業のコミュニケーションのパターンによって決まるというMelvin Conwayにちなんで名付けられた非公式的な「法則」。**逆コンウェイの法則**も参照のこと。

サービス検出 (service discovery)
アプリケーションをホスティングする適切なサーバにトラフィックをルーティングするために、マイクロサービスのすべてのインスタンスがどこにホスティングされているかを調べられるシステム。

サービスレジストリ (service registry)
マイクロサービスエコシステムに含まれるすべてのマイクロサービスとシステムのすべてのポートとIPを管理しているデータベース。

質的な成長の判断基準 (qualitative growth scale)
アプリケーション、マイクロサービス、システムがビジネスメトリックとどのように結びついているかについての俯瞰的、質的な判断。成長の判断基準の1つの種類。

主要メトリック (key metric)
アプリケーション、マイクロサービス、システムの健全性、状態、動作を必要十分な形で説明するこれらのものの性質。

垂直スケーリング (vertical scaling)
アプリケーションやシステムをスケーリングするために、それらが実行されるホストのリソース (CPU、RAM) を増強すること。

水平スケーリング (horizontal scaling)
アプリケーションやシステムをスケーリングするために、サーバ (またはその他のハードウェアリソース) を追加すること。

ステージングフェーズ (staging)
デプロイパイプラインの最初のフェーズで、本番トラフィックを処理せず、新ビルドのテストに使われる。通常は本番環境のミラーコピーで、完全ステージングと部分ステージングの2通りの方法で作ることができる。

成長の判断基準 (growth scale)
アプリケーション、マイクロサービス、システムがどの程度スケーリングできるかを示す基準。すべてのアプリケーション、マイクロサービス、システムが質的な成長の判断基準と量的な成長の判断基準の2種類の成長の判断基準を持っている。

セルフサービス内部ツール (self-service internal tool)
開発者がマイクロサービスの開発、デプロイ、実行のためにマイクロサービスエコシステムの下位レイヤを操作するときに仕事が楽になるように、マイクロサービスエコシステムのアプリケーションプラットフォームレイヤで作られる標準化ツール。

専用ハードウェア (dedicated hardware)
1つのアプリケーション、マイクロサービス、システムだけをホスティングするサーバ、または1つのアプリケーション、マイクロサービス、システムのデータだけを格納するデータベース。

ダッシュボード (dashboard)
アプリケーション、マイクロサービス、システムの健全性、状態、動作、主要メトリックのグラフを表示する社内Webサイトの中のビジュアルなページ。

単一障害点（SPOF：single point of failure）
障害を起こすと、アプリケーション、マイクロサービス、システム全体が停止してしまうようなアプリケーション、マイクロサービス、システム内の部品。

単体テスト（unit test）
マイクロサービスのコードの小さな部品（ユニット）に対して実行される小さく、独立したテスト、コードテストの一部。

通信レイヤ（communication layer）
マイクロサービスエコシステムの第2レイヤ。ネットワーク、DNS、RPCフレームワーク、エンドポイント、メッセージング、サービス検出、サービスレジストリ、負荷分散から構成される。

デプロイ（deployment）
新ビルドをサーバに送り、サービスを起動するためのプロセス。

デプロイパイプライン（deployment pipeline）
3フェーズ（ステージング、カナリア、本番）で新ビルドをデプロイするプロセス。

統合テスト（integration test）
（**単体テスト**を使って個別にテストされている）マイクロサービスのコンポーネントを組み合わせたときの動作をテストする。

内部障害（internal failure）
マイクロサービス内の障害。

パーティション分割（partitioning）
個々のタスクを並列処理できる小さな部品に分割するアーキテクチャの作り方とそのプロセス。スケーラビリティを確保するために必要不可欠な性質である。

ハードウェアリソース（hardware resource）
リソース参照。

ハードウェアレイヤ（hardware layer）
マイクロサービスエコシステムの第1レイヤで、物理サーバ、オペレーティングシステム、リソースの分離/抽象化、構成管理、ホストレベルの監視、ホストレベルのロギングから構成される。

廃止（decommissioning）
マイクロサービス、APIエンドポイントの引退のプロセスの1つで、上流の（クライアント）サービスがマイクロサービスやAPIエンドポイントを使えなくなるようにする。

パブリッシュ-サブスクライブ（pubsub）メッセージング（publish-subscribe messaging）
クライアントがトピックをサブスクライブ（購読）し、パブリッシャがそのトピックのメッセージをパブリッシュ（発行）するたびにメッセージを受け取るという非同期メッセージングのパラダイム。

非推奨（deprecation）
開発チームがマイクロサービスやそのエンドポイントのメンテナンスを中止し、上流（クライアント）サービスがもうそれらを使うべきではなくなったときの状態。

負荷分散（load balancing）
複数のサーバ、マイクロサービスにトラ

フィックを分散させるデバイスまたはサービス。

部分ステージング（partial staging）

デプロイパイプラインのステージングフェーズで、本番環境の完全なミラーを作らず、ステージング環境のマイクロサービスに本番バージョンのクライアント、依存関係、データベースとやり取りさせること。

ベアメタル（bare metal）

いわゆるクラウドプロバイダからハードウェアをレンタルするのではなく、会社自身が所有、実行、メンテナンスするサーバを指す用語。

並行性（concurrency）

並行性を持つアプリケーションやマイクロサービスは、1つのプロセスだけですべての仕事を行うのではなく、タスクを小さな部品に分割して実行する。スケーラビリティを確保するために必要不可欠な性質である。

防御的キャッシュ（defensive caching）

マイクロサービスの下流の依存関係が使えない状態になったときにマイクロサービスを安定性、信頼性の問題から守るために、マイクロサービスの下流の依存関係が返してきたデータをキャッシュすること。

ホストとインフラストラクチャのメトリック（host and infrastructure metric）

マイクロサービスエコシステムの下位3レイヤ（ハードウェアレイヤ、通信レイヤ、アプリケーションプラットフォームレイヤ）の主要メトリック。

ホストパリティ（host parity）

デプロイパイプラインの2つの別々の環境、システム、フェーズ（たとえば、ステージングと本番）が、それぞれの環境、システム、データセンター、デプロイフェーズに同数のホストを持っていること。

本番候補（candidate for production）

開発サイクルですべてのlintテスト、単体テスト、統合テスト、エンドツーエンドテストに合格し、デプロイパイプラインに導入する準備が整ったビルド。

本番対応スコア（production-readiness score）

対象のマイクロサービスが本番対応の標準の個々の要件をどれだけ満たしているかに基づいて計算されたスコア。

本番対応チェックの自動化（production-readiness automation）

個々のマイクロサービスが本番対応の個々の標準が設けている要件を満たしているかどうかをプログラムで自動的にチェックしてマイクロサービスが本番対応の標準を満たしていることを確認する方法。

本番対応の監査（production-readiness audit）

本番対応のチェックリストを使ってマイクロサービスの本番対応を評価するプロセス。

本番対応のチェックリスト（production-readiness checklist）

本番対応の標準と個々の標準を実現するために満たさなければならない要件のリスト。

本番対応へのロードマップ (production-readiness roadmap)
マイクロサービスを本番対応の状態に引き上げるために必要なステップを詳細に説明するドキュメントで、マイクロサービスを本番対応にするためのプロセスの一部として使われる。

本番フェーズ (production)
デプロイパイプラインの最終フェーズで、すべての実世界のトラフィックが処理される。本番という言葉は、実世界のトラフィックやそれらのトラフィックを処理する環境を表すためにも使われる。

マイクロサービス (microservice)
小さくて交換でき、モジュール化され、独立に開発、デプロイされるアプリケーションで、大きなシステムの中で1つの機能を担当する。

マイクロサービスエコシステム (microservice ecosystem)
マイクロサービスとインフラストラクチャを含むシステム全体。マイクロサービスレイヤ、アプリケーションプラットフォームレイヤ、通信レイヤ、ハードウェアレイヤの4つのレイヤに分割できる。

マイクロサービスのメトリック (microservice metric)
マイクロサービスエコシステムのマイクロサービスレイヤに含まれる個々のマイクロサービスに固有な主要メトリック。

マイクロサービスレイヤ (microservice layer)
マイクロサービスエコシステムの第4レイヤ。マイクロサービスと個々のマイクロサービスに固有の構成が含まれている。

モノリス (monolith)
アプリケーションのためのコードと機能をすべて含む1つのアプリケーションとしてメンテナンス、実行、デプロイされる大規模で複雑なソフトウェアシステム。

モノリスの分割 (splitting the monolith)
大規模なモノリスアプリケーションを一連のマイクロサービスに分割するプロセス。

リクエストフロー (request flow)
マイクロサービスから別のマイクロサービスにリクエストが送られたときに取られる手順のパターン。

リクエスト-レスポンスメッセージング (request-response messaging)
クライアントがマイクロサービス(またはメッセージブローカー)にリクエストを送ると、レスポンスとしてリクエストされた情報が返されるというメッセージングパラダイム。

リソース (resource)
CPU、メモリ、ネットワークなど、ハードウェア(サーバ)のパフォーマンスを体現するさまざまな要素を抽象化したもの。

リソース配分 (resource allocation)
マイクロサービスエコシステム全体に利用できるハードウェアリソースを分けて与えること。

リソースのボトルネック (resource bottleneck)

アプリケーション、マイクロサービス、システムのリソースの使い方に起因するスケーラビリティの限界。

リソースの要件 (resource requirement)

アプリケーション、マイクロサービス、システムが必要とするリソース。

リポジトリ (repository)

アプリケーションやサービスのすべてのソースコードが格納されている一元管理されたアーカイブ。

量的な成長の判断基準 (quantitative growth scale)

アプリケーション、マイクロサービス、システムがどのようにスケーリングするかについての尺度。質的な成長の判断基準を測定可能な数値に変換して得られる。成長の判断基準の1つの種類。通常、アプリケーション、マイクロサービス、システムの処理能力を表すRPS（毎秒リクエスト数）、QPS（毎秒クエリー数）、TPS（毎秒トランザクション数）を単位として表現される。

ロギング (logging)

アプリケーション、マイクロサービス、システムで起こった事象を記録すること。

索引

数字

A

B

C

D

E

F

G

H

J

L

M

N

P

R

S

T

U

あ行

か行

さ行

た行

な行

は行

ま行

ら行

●著者紹介

Susan J. Fowler（スーザン・J・ファウラー）

Uber TechnologiesのSREで、Uberのすべてのマイクロサービスを対象として本番対応向上の取り組みを指導したり、ビジネスクリティカルなチームの一員となってそのチームのサービスを本番対応に引き上げるための具体的な作業を行ったりしている。Uberに入社する前は、いくつかの小規模なスタートアップでアプリケーションプラットフォームとインフラストラクチャの仕事をしていた。さらにその前は、ペンシルバニア大学で分子物理学を専攻し、超対称性粒子を探したり、ATLAS、CMS検出器のためのハードウェアを設計したりしていた。

●監訳者紹介

佐藤 直生（さとう なおき）

日本オラクル株式会社における、Java EEアプリケーションサーバやミドルウェアのテクノロジーエバンジェリストとしての経験を経て、現在は日本マイクロソフト株式会社で、パブリッククラウドプラットフォーム「Microsoft Azure」のテクノロジスト/エバンジェリストとして活動。監訳/翻訳書に『キャパシティプランニング— リソースを最大限に活かすサイト分析・予測・配置』、『Head First SQL』、『Head Firstデザインパターン』、『Java魂—プログラミングを極める匠の技』、『J2EEデザインパターン』、『XML Hacks—エキスパートのためのデータ処理テクニック』、『Oracle XMLアプリケーション構築』、『開発者ノートシリーズ Spring』、『開発者ノートシリーズ Hibernate』、『開発者ノートシリーズ Maven』、『Enterprise JavaBeans 3.1 第6版』、『シングルページWebアプリケーション』、『マイクロサービスアーキテクチャ』（以上オライリー・ジャパン）などがある。https://twitter.com/satonaoki

●訳者紹介

長尾 高弘（ながお たかひろ）

1960年生まれ。東京大学教育学部卒。英語ともコンピュータとも縁はなかったが、大学を出て就職した会社で当時のPCやらメインフレームと出会い、当時始まったばかりのパソコン通信で多くの人と出会う。それらの出会いを通じて、1987年頃からアルバイトで技術翻訳を始め、その年の暮れには会社を辞めてしまう。1988年に（株）エーピーラボに入社し、取締役として97年まで在籍する。1997年に（株）ロングテールを設立し、社長に就任して現在に至る。訳書は、上下巻に分かれたものも2冊に数えてちょうど130冊ほどになった。一方で、1978年から詩作を始め4冊の特集を出版した。http://www.longtail.co.jp/

カバー説明

表紙の昆虫は、ハキリバチです（英語名leafcutter bee、ハキリバチ属）です。世界中に生息し、1,500種以上が知られています。インドネシアに生息するハキリバチの仲間は世界最大のハチとして知られ、体長は2～4センチもあります。
ハキリバチの名前の由来は、メスが葉をきれいに丸く切り取って巣を作る習性から来ています。メスは丸く切り取った葉片を巣作りに使います。既存坑、地面の穴、朽ちた木に開けた穴などさまざまな場所に、12センチほどの円筒形の巣を作ります。ミツバチのような女王蜂を中心としたコロニーは作らず単独で行動しますが、同じ地域に複数の個体が営巣する場合もあります。葉片を重ね合わせて作った巣の中はいくつかの個室に区切られています。メスは各部屋に幼虫のエサとなる花粉だんごを置き、卵を1つ産みます。葉が幼虫のエサを乾燥から守っていることがわかっています。
ハキリバチの成虫のエサは、幼虫と同様に蜜と花粉です。花の中では泳ぐような恰好で激しく振動して花粉を拡散させるので、効率的に受粉させることができます。これによって花粉が大量に拡散し、ハチの腹部全体に花粉が付着します。メスは、巣のすべての部屋のエサを用意するために10～15回ほど往復します。この行動により、他家受粉（他の個体から受粉すること）が促進されるので、ハキリバチは多くの庭園や農場に歓迎されています。こうしたところではハキリバチを呼び寄せるために、わざと巣箱やホースを置くこともあります。

プロダクションレディマイクロサービス
――運用に強い本番対応システムの実装と標準化

2017年 9 月19日　　初版第 1 刷発行
2020年 1 月 8 日　　初版第 2 刷発行

著　　者　Susan J. Fowler（スーザン・J・ファウラー）
監 訳 者　佐藤 直生（さとう なおき）
訳　　者　長尾 高弘（ながお たかひろ）
発 行 人　ティム・オライリー
制　　作　ビーンズ・ネットワークス
印刷・製本　日経印刷株式会社
発 行 所　株式会社オライリー・ジャパン
〒160-0002 東京都新宿区四谷坂町12番22号
Tel (03)3356-5227
Fax (03)3356-5263
電子メール　japan@oreilly.co.jp
発 売 元　株式会社オーム社
〒101-8460　東京都千代田区神田錦町3-1
Tel (03)3233-0641（代表）
Fax (03)3233-3440

Printed in Japan（ISBN978-4-87311-815-4）
乱丁本、落丁本はお取り替え致します。